权威·前沿·原创

皮书系列为
"十二五""十三五"国家重点图书出版规划项目

U0257907

BLUE BOOK

智 库 成 果 出 版 与 传 播 平 台

农业应对气候变化蓝皮书

BLUE BOOK OF AGRICULTURE
FOR ADDRESSING CLIMATE CHANGE

中国农业生产气候危险性
评估报告 *No.3*

ASSESSMENT REPORT OF CLIMATE HAZARD OF AGRICULTURAL
PRODUCTION IN CHINA (No.3)

主　编／周广胜　何奇瑾
副主编／周梦子　吕晓敏

社会科学文献出版社
SOCIAL SCIENCES ACADEMIC PRESS（CHINA）

图书在版编目(CIP)数据

中国农业生产气候危险性评估报告. No.3 / 周广胜，
何奇瑾主编. -- 北京：社会科学文献出版社，2020.12
（农业应对气候变化蓝皮书）
ISBN 978-7-5201-7383-4

Ⅰ.①中…　Ⅱ.①周…②何…　Ⅲ.①农业气象灾害
－研究报告－中国　Ⅳ.①S42

中国版本图书馆CIP数据核字（2020）第189085号

农业应对气候变化蓝皮书
中国农业生产气候危险性评估报告（No.3）

主　　编 / 周广胜　何奇瑾
副 主 编 / 周梦子　吕晓敏

出 版 人 / 王利民
责任编辑 / 张建中　周　琼

出　　版 / 社会科学文献出版社·政法传媒分社（010）59367156
　　　　　　地址：北京市北三环中路甲29号院华龙大厦　邮编：100029
　　　　　　网址：www.ssap.com.cn
发　　行 / 市场营销中心（010）59367081　59367083
印　　装 / 三河市东方印刷有限公司

规　　格 / 开　本：787mm×1092mm　1/16
　　　　　　印　张：12.25　字　数：180千字
版　　次 / 2020年12月第1版　2020年12月第1次印刷
书　　号 / ISBN 978-7-5201-7383-4
审 图 号 / GS（2016）1549号
定　　价 / 128.00元

本书如有印装质量问题，请与读者服务中心（010-59367028）联系

《中国农业生产气候危险性评估报告（No.3）》
编　委　会

主要编撰者简介

周广胜　男，1965 年出生，理学博士。现任中国气象科学研究院副院长、二级研究员、博士生导师，主要从事生态气象研究。发表论文 500 余篇，出版专著 14 部。获第三世界科学组织网络和第三世界科学院农业奖、国家科技进步二等奖、中国技术市场金桥奖、中国科学院自然科学二等奖和中国气象学会大气科学基础研究成果一等奖。

何奇瑾　女，1981 年出生，理学博士。现任中国农业大学副教授，博士生导师，主要从事气候变化对农业的影响与适应研究。主持国家自然科学基金等项目 5 项，发表论文 20 余篇，出版专著 2 部。获中国技术市场金桥奖和中国气象学会大气科学基础研究成果一等奖。

周梦子　女，1988 年出生，理学博士。现任中国气象科学研究院副研究员，主要从事中国气候变化预估及其影响研究。主持国家自然科学基金等项目 3 项，发表论文 10 余篇。

吕晓敏　女，1989 年出生，理学博士。现任中国气象科学研究院副研究员，主要从事气候变化的影响与适应研究。主持和参与国家重点研发计划项目、国家自然科学基金重点项目等 4 项，发表论文 16 篇，合著 2 部。获中国技术市场金桥奖。

专题报告作者简介

房世波　博士，中国气象科学研究院生态与农业气象研究所三级研究员，博士生导师。主要从事气候变化对农业的影响与适应研究。现为国际数字地球学会中国国家委员会数字减灾专业委员会副主任委员，江西省委、省政府特聘专家。

何奇瑾　博士，中国农业大学副教授，博士生导师。主要从事气候变化对农业的影响与适应的科研与教学工作。

汲玉河　博士，中国气象科学研究院生态与农业气象研究所副研究员。主要从事农业气象灾害及其风险评估研究。

吕晓敏　博士，中国气象科学研究院生态与农业气象研究所副研究员。主要从事气候变化的影响与适应研究。

宋艳玲　博士，中国气象科学研究院生态与农业气象研究所三级研究员。主要从事气候变化对农业的影响与适应研究，是中国气象局为农服务指导专家组成员，世界气象组织（WMO）农业气象学委员会（CAgM）专家组成员。

周广胜　博士，中国气象科学研究院副院长，二级研究员，博士生导师。主要从事气候变化的影响、适应与脆弱性研究。是世界气象组织（WMO）农业气象学委员会（CAgM）管理组成员和农业气象风险管理领域共同主席。

周　莉　博士，中国气象科学研究院生态与农业气象研究所副研究员。主要从事气候变化的影响、适应与风险评估研究，是世界气象组织（WMO）农业气象学委员会（CAgM）专家组成员。

周梦子　博士，中国气象科学研究院生态与农业气象研究所副研究员。主要从事中国气候变化预估及其影响研究。

摘　要

农业是气候变化敏感行业，针对气候变化情景采取稳健的适应措施已经成为国际社会的共识。本报告预估了不同排放情景下1.5℃和2℃升温阈值出现的时间和中国气候，评估了中国主要粮食作物（冬小麦、春玉米、夏玉米、一季稻和双季稻）生产的气候危险性，为制定农业气象防灾减灾措施提供决策依据。报告主要结论如下。

1. 1.5℃和2℃升温阈值出现的时间

不同排放情景（RCP2.6、RCP4.5 和 RCP8.5）下，全球地表温度将分别在 2029 年、2028 年和 2025 年达到 1.5℃升温阈值；RCP2.6 情景下直至 21 世纪末期都不会达到 2℃升温阈值，RCP4.5 和 RCP8.5 排放情景下达到 2℃升温阈值的时间分别为 2048 年和 2040 年。中国达到相应升温阈值的时间要早于全球，且以东北和西北地区出现的时间最早。

2. 1.5℃和2℃升温阈值下中国气候预估

1.5℃升温阈值时，RCP2.6、RCP4.5 和 RCP8.5 情景下中国年平均温度分别增加 1.83℃、1.75℃和 1.88℃，年平均增温由南向北加强且在青藏高原地区有所放大，温度的季节变幅以冬季增温最为显著；区域平均年降水量分别增加 5.03%、2.82% 和 3.27%，冬季降水增幅最大。2℃升温阈值时，RCP4.5 和 RCP8.5 情景下年平均温度分别升高 2.49℃和 2.54℃；全国范围内年平均降水量基本表现为增加趋势，其中西北和长江中下游部分地区表现为明显的季节差异，区域平均年降水量分别增加 6.26% 和 5.86%。与 1.5℃升温阈值相比较，2℃

升温阈值时中国的温度和降水的增幅均将增加，其中温度增加以东北、西北和青藏高原最为显著，降水则在东北、华北、青藏高原和华南地区增加最为明显。

3. 1.5℃和2℃升温阈值下极端气候预估

1.5℃和2℃升温阈值下，中国极端暖事件强度增加、频率增大，极端冷事件强度降低、频率减少。0.5℃增暖将使最暖昼温度和最冷夜温度在整个中国地区均表现出增加趋势，而冷昼和冷夜出现频率呈降低趋势且在中纬度地区（30°N~40°N）出现减幅大区。中国极端温度事件发生的强度和概率在1.5℃升温下明显小于2℃升温。

1.5℃升温阈值下，东北、华北和青藏高原大部地区的极端降水强度、频率和极端降水总量均呈增加趋势，而华南和西南地区的降水强度增加，但降水日数和降水总量均呈减少趋势；从1.5℃到2℃的半度增暖将使表征极端降水强度的指数均呈增加趋势（西北和西南部分地区除外）。升温控制在1.5℃较2℃对中国极端降水事件的正效应显著。

4. 水稻生产的气候危险性

未来水稻生产主要受高温热害（长江中下游地区单季稻、长江中下游和华南地区双季稻）和寒露风（双季晚稻）的影响。不同气候情景下21世纪单季稻、双季早稻和双季晚稻热害平均发生概率分别约为19%~53%、15%~43%和9%~31%，排放情景越高热害发生概率越大；尤其在RCP8.5情景下21世纪后期单季稻、双季早稻和晚稻热害最大发生概率可达80%、80%和60%，且发生概率大于50%的区域面积达最大，分别占主产区总面积的55%、23%和23%。未来水稻生产的冷害（东北地区单季稻）、低温阴雨（双季早稻）和寒露风（双季晚稻）的发生概率较小，但RCP2.6和RCP4.5情景下，21世纪前期，长江中下游地区双季晚稻寒露风发生概率大于50%的面积最大，约占主产区总面积的49%。未来导致单季稻、双季早稻和双季晚稻减产率大于15%的重度灾害发生面积分别约为17.35×10^5ha、18.52×10^5ha、14.63×10^5ha，约占主产区总面积的22.3%、16.9%和15.2%。

5. 冬小麦生产的气候危险性

未来冬小麦生产主要受涝渍（南方麦区）和干旱（北方麦区）影响。南方麦区冬小麦苗期和抽穗灌浆期涝渍发生概率较高，平均总发生概率分别为40% 以上（苗期）和 62%~72%（抽穗灌浆期），呈轻度 > 中度 > 重度趋势；苗期和抽穗灌浆期涝渍发生面积约占主产区总面积的 50% 和 90%。北方麦区冬小麦拔节 – 抽穗期和灌浆 – 成熟期总干旱发生概率平均为 46% 和 44%，均以轻旱分布范围最广，总干旱平均发生面积分别占种植区总面积的 55% 和53%，其中干旱发生概率大于 40% 的区域分别占主产区总面积的 96% 和 75%以上。未来导致冬小麦减产大于 20% 的重度灾害（重度干旱和重度涝渍）的发生面积约 60.02×10^5ha，约占冬小麦主产区总面积的 46%。

6. 玉米生产的气候危险性

未来玉米生产主要受干旱影响（北方春玉米和夏玉米），干旱在玉米生长的各生育期均可能发生。未来春玉米各生育期干旱发生概率大于 30% 的面积约占主产区总面积的 15%（播种 – 出苗期）、31%（出苗 – 拔节期）、23%（拔节 – 抽雄期）、28%（抽雄 – 乳熟期）和 4%（乳熟 – 成熟期）；夏玉米各生育期干旱发生概率大于 30% 的面积约占主产区总面积的 32%（播种 – 出苗期）、29%（出苗 – 拔节期）、38%（拔节 – 抽雄期）、20%（抽雄 – 乳熟期）和 57%（乳熟 – 成熟期）。未来导致玉米减产率大于 30% 的重度灾害（特旱）发生面积约为 41.35×10^5ha，约占玉米主产区总面积的 35%。

7. 农业生产气候危险性应对技术

未来气候情景给中国主要粮食作物（冬小麦、春玉米、夏玉米、一季稻和双季稻）生产带来的气候危险性出现了新的特点。针对未来水稻生产的高温热害（长江中下游地区单季稻、长江中下游和华南地区双季稻）和寒露风（双季晚稻）、冬小麦生产的涝渍（南方麦区）和干旱（北方麦区）、玉米生产的干旱，报告提出了有针对性的应对技术，以最大限度地降低气候危险性的影响，确保粮食稳产甚至高产。

关键词： 农业生产　1.5℃升温阈值　2℃升温阈值　气候危险性　应对技术

Abstract

Agriculture is a climate-sensitive industry, and it has become the consensus of the international community to adopt robust adaptation measures against climate change scenarios. This assessment report projects the time of occurrence of 1.5℃ and 2℃ warming thresholds and climate in China under different emission scenarios, and assesses the climate hazards of China's major food crops (winter wheat, spring maize, summer maize, singlecropping paddy rice and doublecropping paddy rice), in order to provide a basis for decision-making for agricultural meteorological disaster prevention and mitigation measures. The main conclusions of the report are as follows.

1. Times crossing 1.5℃ and 2℃ warming threshold above pre-industrial levels

Relative to the pre-industrial levels, the global warming will exceed 1.5℃ warming threshold in 2029，2028 and 2025 in the RCP2.6、RCP4.5 and RCP8.5 scenarios, respectively. Under RCP2.6 scenario, the global warming will be kept below 2℃ until the end of the 21st century while the 2℃ global warming will occur around 2048 and 2040 in the RCP4.5 and RCP8.5 scenarios. Regarding global warming, the times crossing 1.5 ℃ and 2 ℃ warming threshold in China are both earlier, especially for Northeast China and Northwest China.

2. The projection of climate over China in the context of 1.5℃ and 2℃ warming threshold

Relative to reference period (1986-2005), annual mean air temperature over

China will increase 1.83 ℃ , 1.75 ℃ and 1.88 ℃ respectively under RCP2.6, RCP4.5 and RCP8.5 scenario, and the amplitude of warming of annual and seasonal mean temperature enhances towards the high latitude especially in Qinghai-Tibet plateau, with stronger increase in winter. The annual mean precipitation over China will increase 5.03%, 2.82% and 3.27%, respectively, with more amplification in winter. When global warming is 2℃ , the annual temperature over China will increase 2.49℃ and 2.54℃ respectively under RCP4.5 and RCP8.5 scenario. The annual precipitation increases in most region of China whereas there will be obvious seasonal differences in Northwest China and the middle and lower reaches of Yangtze River. The annual mean precipitation over China will increase 6.26% and 5.86% respectively. Compared with the case under the 1.5℃ Warming threshold, more enhanced temperature and precipitation can be expected under 2℃ Warming threshold. The most significant increase of temperature is in Northeast China, Northwest China and Qinghai-Tibet plateau while the precipitation is in Northeast China, North China, Qinghai-Tibet plateau and South China.

3. The projection of extreme climate events over China in the context of 1.5℃ and 2℃ warming threshold

Under 1.5℃ and 2℃ warming threshold, the intensity and frequency of extreme warming events in China will increase, and the intensity and frequency of extreme cold events will decrease. The warming of 0.5℃ will make the warmest day temperature and the coldest night temperature show an increasing trend throughout China, while the occurrence frequency of cold day and cold night will show a decreasing trend where will be a large area in the mid-latitude region (30°N~40°N). The intensity and occurrence frequency of extreme temperature events in China at 1.5℃ warming threshold are significantly less than at 2℃ warming threshold.

Under 1.5 ℃ warming threshold, the extreme precipitation intensity, occurrence frequency and total precipitation will show an increasing trend in Northeast, North China and most parts of the Qinghai-Tibet Plateau, while the precipitation intensity in South China and Southwest will increase, and rain day number and total precipitation will

show a decrease trend. The half-degree warming from 1.5℃ to 2℃ will increase the indices characterizing extreme precipitation intensity (except for the parts of northwest and southwest). The positive effect on extreme precipitation events in China at 1.5℃ warming threshold will be more obvious than at 2℃ warming threshold.

4. Climate hazard of rice production

In the future, paddy rice production will be mainly affected by high temperature heat damage (single cropping paddy rice in the middle and lower reaches of the Yangtze River, double cropping paddy rice in the middle and lower reaches of the Yangtze River and south China) and cold dew wind (double cropping late paddy rice). The occurrence probability of heat damage in single cropping rice, double cropping early paddy rice, and double cropping late paddy rice will be about 19%-53%, 15%-43%, and 9%-31%, respectively. The higher the emission scenario, the greater the occurrence probability of heat damage. In the late 21th century under the RCP8.5 scenario, the area with heat damage occurrence frequency more than 50% for single cropping paddy rice, double cropping early paddy rice, and late paddy rice reached the largest area, accounting for 55%, 23%, and 23% of the total area of the main production area, respectively. The occurrence frequency of cold damage (single cropping paddy rice in Northeast China), low-temperature overcast rain (double cropping early paddy rice) and cold dew wind (double cropping late paddy rice) in rice production is less likely, but in the early 21st century under RCP2.6 and RCP4.5 scenarios, the area with cold dew wind occurrence probability greater than 50% is the largest for double cropping late paddy rice in the middle and lower reaches of the Yangtze River, accounting for about 49% of the total area of the main producing area. In the future, the area with yield reduction rate more than 15% due to severe disasters for single cropping paddy rice, double cropping early and late paddy rice is about 17.35×10^5ha, 25.44×10^5ha, and 12.60×10^5ha, respectively, accounting for 22.3%, 16.9% and 15.2%of the total area of the main producing area, respectively.

5. Climate hazard of wheat winter production

In the future, winter wheat production will be mainly affected by waterlogging (southern wheat area) and drought (northern wheat area). The waterlogging occurrence probability of winter wheat in the southern wheat area is higher at the seedling stage and the heading and filling stage, and the average total occurrence probability is more than 40% (seedling stage) and 62%-72% (heading and filling stage), which shows mild>moderate>severe trend. The area of waterlogging at seedling stage and heading filling stage accounts for about 50% and 90% of the total area of the main production area. The drought occurrence probability at jointing-heading stage and filling-maturity stage of winter wheat in northern wheat area will be 46% and 44% on average, which are mainly light drought. The drought area will reach 54% and 53% of the total area of the main production area. Among them, the areas with drought occurrence probability greater than 40% will account for approximately 96% and 75% of the total area of the main production area, respectively. In the future, the area with yield reduction rate more than 20% due to severe disasters for winter wheat will reach about 60.02×10^5ha, accounting for about 46.0% of the total area of the main producing area.

6. Climate hazard of maize production

In the future, maize production will be mainly affected by drought (spring and summer maize), and drought might take place during the growing season of maize. In the future, the area with drought occurrence probability more than 30% in each growth period will account for about 15% of the total area of the main production area (sowing-emergence stage), 31% (emergence-joint stage), 23% (joint-maser stage), 28% (tasseling-milk maturity stage) and 4% (milk maturity-maturity stage) of the total area of the main production area for spring maize; and about 32% (sowing-emergence stage), 29% (emergence-joint stage), 38% (joint-maser stage), 20% (maser-milk stage) and 57% (milk-mature stage) of the total area of the main production area for summer maize. In the future, the area with yield reduction rate more than 30% due to severe disasters (severe drought) for winter wheat will reach about 41.35×10^5ha, accounting

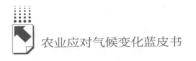
for about 35.0% of the total area of the main producing area.

7. Climate hazard response technology for agricultural production

Under the future climate scenario, the climate risk will show new characteristics for the production of China's major food crops (winter wheat, spring maize, summer maize, single cropping paddy rice and double cropping paddy rice). The oriented-target coping techniques are put forward for high temperature heat damage of paddy rice production (single cropping paddy rice in the middle and lower reaches of the Yangtze River, double cropping paddy rice in the middle and lower reaches of the Yangtze River and South China) and cold dew wind (double cropping late paddy rice), waterlogging of winter wheat (southern wheat area) and drought (northern wheat area), and drought of maize, in order to minimize the impact of climate hazards and ensure yield stability and even high yields.

Keywords: Agricultural Production; 1.5℃ Warming Threshold; 2℃ Warming Threshold; Climate Hazard; Response Technology

目 录

Ⅰ 总报告

Ⅱ 专题报告

皮书数据库阅读**使用指南**

CONTENTS

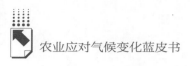

总 报 告

General Report

B.1
中国农业生产气候危险性预估

摘　要：　未来中国达到1.5℃和2℃升温阈值的时间要早于全球，且以东
　　　　　北和西北地区出现的时间最早。未来中国温度和降水均呈增加趋
　　　　　势，且在2℃升温阈值时增幅更大、极端气候事件发生的强度和
　　　　　概率更大。未来中国主要粮食作物（冬小麦、春玉米、夏玉米、
　　　　　一季稻和双季稻）生产的气候危险性演变趋势、强度和类型出现
　　　　　了显著变化。水稻生产主要受高温热害和寒露风影响，冬小麦生
　　　　　产主要受涝渍和干旱影响，玉米生产主要受干旱影响。建议针对
　　　　　未来中国农业生产面临的气候危险性，及早调整种植制度，结合
　　　　　应对技术，充分发挥气象灾害保险作用，最大限度地提升农业抗
　　　　　灾能力，为两个百年目标的实现提供粮食安全保障。

关键词：　1.5℃升温阈值　2℃升温阈值　气候预估　粮食作物　气候危险性

一 2℃升温阈值的中国气候变化较1.5℃升温阈值更剧烈

1.5℃升温阈值时，不同排放情景（RCP2.6、RCP4.5和RCP8.5）下中国年平均温度分别增加1.83℃、1.75℃和1.88℃，冬季增温最为显著；除华南和西南地区外，大部分地区年平均降水量增加，分别增加5.03%、2.82%和3.27%，冬季降水增幅最大。2℃升温阈值时，RCP4.5和RCP8.5情景下年平均温度分别增加2.49℃和2.54℃，但空间分布格局基本不变；全国范围内年平均降水量基本表现为增加趋势，分别增加6.26%和5.86%。

与1.5℃升温阈值相比较，2℃升温阈值时中国的温度和降水的增幅均将增加，其中温度增加以东北、西北和青藏高原最为显著，降水则在东北、华北、青藏高原和华南地区增加最为明显。同时，1.5℃升温阈值下中国极端温度事件发生的强度和概率明显小于2℃升温阈值；除西北和西南部分地区外，从1.5℃到2℃的半度增暖将使表征极端降水强度的指数均呈增加趋势。

二 农业生产气候危险性趋势、强度和类型显著改变

未来水稻生产将主要受高温热害和寒露风的影响，与当前水稻生产主要受热害、低温冷害、低温阴雨和寒露风的影响不同。在不同排放情景下，未来水稻高温热害发生概率较1986~2005年大幅增加，且随时间推移呈增加趋势，总体呈西南和中部高、东部低的分布格局。排放情景越高，未来水稻热害发生概率越大，RCP8.5情景下21世纪后期，单季稻、双季早稻和晚稻热害发生概率大于50%的面积达到最大，分别占主产区总面积的55%、23%和23%。不同排放情景下，未来水稻冷害（东北地区单季稻）、低温阴雨（双季早稻）和寒露风（双季晚稻）的发生概率较小，分别为1%~5%（冷害）、10%~20%（低温阴雨）和30%~50%（寒露风），且在21世纪前期、中期和后期的发生概率和发生面积均呈减小趋势。但是，在RCP2.6和RCP4.5情

景下的 21 世纪前期，长江中下游地区双季晚稻寒露风发生概率大于 50% 的面积达到最大，约占主产区总面积的 49%。未来导致单季稻、双季早稻和晚稻减产率大于 15% 的重度灾害发生面积分别为 17.35×10^5ha、18.52×10^5ha、14.63×10^5ha，分别约占主产区总面积的 22.3%、16.9% 和 15.2%。

干旱和涝渍仍是影响未来冬小麦生产的主要气象灾害。不同排放情景下，未来北方麦区冬小麦拔节 – 抽穗期和灌浆 – 成熟期干旱发生概率平均为 46% 和 44%，且在拔节 – 抽穗期呈轻旱 > 中旱 > 重旱趋势，在灌浆 – 成熟期呈轻旱 > 重旱 > 中旱变化趋势，整体呈北高南低的空间分布格局。未来各时期冬小麦拔节 – 抽穗期和灌浆 – 成熟期的干旱发生面积占种植区总面积的 55% 和 53%，略低于当前状况，其中拔节 – 抽雄期和灌浆 – 成熟期干旱发生概率大于 40% 的区域分别占主产区总面积的 96% 和 75% 以上。不同排放情景下，未来南方麦区冬小麦苗期和抽穗灌浆期涝渍发生概率较高，平均总发生概率分别为 40% 以上（出苗期）和 62%~72%（抽穗灌浆期），拔节期和孕穗期涝渍发生概率较低，平均在 13% 左右。未来涝渍发生概率呈轻度 > 中度 > 重度趋势，呈中部高、西南和东北低的空间分布格局。未来冬小麦出苗期和抽穗灌浆期涝渍发生面积约占主产区总面积的 50% 和 90%，其中出苗期涝渍发生概率大于 50% 的面积小于当前状况，抽穗灌浆期发生概率大于 50% 的面积与当前无显著差异，且随时间推移呈波动变化趋势，但仍占主产区总面积的 80% 以上。未来导致冬小麦减产大于 20% 的重度灾害（重度干旱和重度涝渍）发生面积约为 60.02×10^5ha，约占中国冬小麦主产区总面积的 46%。

与当前玉米生产主要受干旱（北方春玉米和夏玉米）和低温冷害（东北地区春玉米）影响不同，未来玉米主要受干旱影响。不同排放情景下，未来北方春玉米播种 – 出苗期、出苗 – 拔节期、拔节 – 抽雄期和抽雄 – 乳熟期干旱平均发生概率为 20% 左右，最大发生概率达 40% 以上，乳熟 – 成熟期干旱概率较低，平均约为 10%，但均较当前有所增加；各生育期干旱发生概率整体呈轻旱 > 中旱 > 重旱 > 特旱趋势，且呈中部高、两端低的空间分布格局。未来春玉米拔节 – 抽雄期、抽雄 – 乳熟期和乳熟 – 成熟期干旱发生面积随时间推移呈增加趋势，分别占主产区总面积的 23%、29% 和 11%；播种 – 出苗期和出苗－拔节期干旱发生面积随时间推移变化不显著，约占主产区总面积的21%和23%。未来各生育期干旱发生概率大于30%的面积约占主产区总面积的15%（播种－出苗期）、31%（出苗－拔节期）、23%（拔节－抽雄期）、28%（抽雄－乳熟期）和4%（乳熟－成熟期）。不同排放情景下，未来北方夏玉米拔节－抽雄期和抽雄－乳熟期干旱平均发生概率最大，约为30%，播种－出苗期和出苗－拔节期其次，平均发生概率为20%左右，乳熟－成熟期干旱概率最小，平均约为12%，但均较当前有所增加；各生育期干旱发生概率整体呈轻旱＞中旱＞重旱＞特旱趋势，且呈中部高、两端低的空间分布格局。未来夏玉米各生育期干旱发生面积呈特旱＞轻旱＞中旱＞重旱，而乳熟－成熟期总干旱发生面积最大，占主产区总面积的35%，拔节－抽雄期其次，约占总面积的31%，其他生育期发生面积无显著差异，约占主产区总面积的27%。未来各生育期干旱发生概率大于30%的面积约占主产区总面积的32%（播种－出苗期）、29%（出苗－拔节期）、38%（拔节－抽雄期）、20%（抽雄－乳熟期）和57%（乳熟－成熟期）。未来东北地区春玉米低温冷害发生概率较小且随时间推移呈减小趋势，平均小于5%，且呈北高南低的空间分布格局。未来导致玉米减产率大于30%的重度灾害（特旱）发生面积约为41.35×10^5ha，约占玉米主产区总面积的35%。

三　适应未来气候变化的农业生产气候危险性应对建议

　　未来中国达到1.5℃和2℃升温阈值的时间要早于全球，尽管未来中国的温度和降水均呈增加趋势，且在2℃升温阈值时增幅更大，但极端气候事件发生的强度和概率也增大，且2℃升温阈值的中国气候变化较1.5℃升温阈值更为剧烈。剧烈的气候变化使中国农业生产的气候危险性趋势、强度和类型发生显著改变。水稻生产主要受高温热害和寒露风影响，冬小麦生产主要受涝渍和干旱影响，玉米生产主要受干旱影响。尽管国家针对农业气象灾害采取了许多应对措施，但仍缺乏系统的理论研究与应用示范，必须从国家粮食安全的战略高度重视和强化农业气象灾害的识别、过程与致灾临界条件研究。

（一）调整作物播期、合理避灾减灾

充分利用气候变暖引起的作物生育期变化，调整作物播期。譬如，华北冬小麦可通过推迟秋播，选择更长生育期的玉米品种与之配套；东北可配合地膜覆盖提前春播玉米；河套春小麦可通过提前播期避减潮塌危害；旱作区春小麦可通过推迟播期，躲避卡脖旱影响。长江中下游早稻播期可适当提前、中稻可选用相对晚熟品种，以避减水稻伏旱、高温热害。

（二）合理节水保水，提升防旱水平

针对未来主要农业气象灾害干旱，拟推广节水保水农业技术。譬如，华北冬麦区可通过适时足量浇灌越冬水，并采取冬前耙糖保墒和冬季镇压提墒缓解水资源不足；黄淮麦区可通过秋冬干旱年的冬前适时适量灌溉，并在冬季采用镇压或在白天 >3℃时少量补灌方式，缓解水资源不足。北方旱作春玉米可通过膜下滴灌缓解干旱影响；黄土高原和丘陵山区的旱作玉米可通过集雨补灌，平原旱作玉米可通过沟植垄盖方式就地集雨解决水资源不足。

（三）选育抗逆品种，科学应对灾害

针对气候变暖背景下农业气象灾害趋势、强度和类型变化的差异性，合理设计与调整育种的主抗与兼抗目标。譬如，可针对高温热害地区培育耐旱耐热品种；针对黄淮海地区的小麦可适度降低培育的冬性要求，但须保持或增强对春霜冻的抗性。

（四）强化风险管理，提升抗灾能力

科学及时地评估农业气象灾害风险，采取有针对性的对策措施，进一步完善农业气象灾害的监测、预报和预警体系。同时，农业气象减灾是一项复杂的系统工程，需要统筹协调和优化配置全社会的减灾资源，科学指导防灾、抗灾和救灾等各个减灾环节，大力推进气象灾害保险工作，最大限度地减轻灾害的损失。

专 题 报 告

Special Topic Reports

B.2
1.5℃和2℃升温阈值出现时间

政府间气候变化专门委员会（IPCC）第五次评估报告（IPCC,2013）指出，人类活动导致的以全球平均温度显著增加为标志的环境变化已经使全球和区域的经济社会可持续发展面临巨大的威胁。科学地应对以变暖为标志的全球环境变化，首先需要合理地预估未来气候变化。2015年由《联合国气候变化框架公约》（UNFCCC）近200个缔结方一致同意通过的《巴黎协定》明确指出，"把全球平均温度较工业化革命前期升高控制在2℃以内，并为把升温控制在1.5℃之内努力。"1.5℃阈值作为全球温控目标之一逐渐被国际社会所接受。为此，需要基于一致的参考时段和模式数量，评估1.5℃和2℃升温阈值出现的时间及其区域差异。

一 1.5℃和2℃升温阈值出现的时间及其不确定性

不同模式、不同情景下未来全球地表平均温度相对1861~1890年的时间变化曲线表明（图1），未来3种不同排放情景下全球年平均地表温度均将升高，与温室气体排放浓度增加相一致（图2），其中以RCP2.6的升温幅度最低，到21世纪末期只有4个模式预估结果超过2℃阈值，而RCP4.5和RCP8.5升温幅度超过2℃的模式数量高达90%和100%。特别是在RCP2.6情景下，到2100年超过相应阈值的模式数量甚至出现减少趋势，这与温室气体的排放有关，该情景下等效CO_2浓度在2040年代达到峰值后逐渐减小。基于多模式集合平均的预估结果，RCP2.6、RCP4.5和RCP8.5情景下全球升温超过1.5℃的时间分别为2029年、2028年和2025年。RCP2.6情景下至21世纪末期，全球地表升温并未达到2℃阈值，RCP4.5和RCP8.5情景下2℃升温阈值出现的时间则分别为2048年和2040年。综合而言，不同排放情景下1.5℃升温阈值出现的时间差别不大，而2℃升温阈值在高排放情景下明显提前。RCP4.5情景下完成从1.5℃到2℃升温需要20年时间，而RCP8.5情景下则缩短为15年。

不确定性是气候预估研究中的一个重要方面。90%置信区间上，RCP2.6、RCP4.5和RCP8.5情景下全球升温达到1.5℃阈值的最早时间分别为2012年、2012年和2013年（图3），三者并没有显著差别；RCP2.6情景下，置信区间并未闭合，意味着直至2100年仍有5%的可能性未达到1.5℃的温升水平，而RCP4.5和RCP8.5下，在0.1的显著性水平下1.5℃阈值最晚分别在2041年和2056年达到。2℃升温阈值出现时间的不确定性表现亦如此，即90%置信区间升温阈值到达的最早年份差异不大，而最晚年份则表现出明显的差异，RCP4.5情景即使在2100年也存在未达到2℃阈值的可能性。

二　1.5℃和2℃升温阈值出现时间的空间分布

不同排放情景下，全球年平均温度相对于工业化革命前普遍升高，但是由于纬度、海陆分布等因素的影响，不同地区的增暖速率呈现明显的差异。由于海洋的热容量比陆地大，北半球的增暖幅度大于南半球，而在同纬度上，陆地的升温又大于海洋。在北半球，自南向北达到升温阈值的时间明显提前，

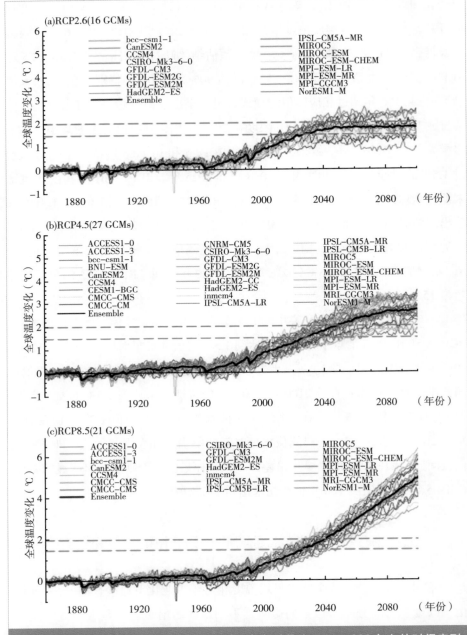

图1 3种情景下全球平均地表温度相对于参考时段（1861~1890年）的时间序列
（黑色粗实线为多模式集合平均结果）

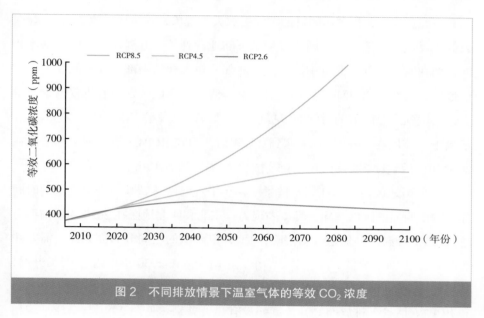

图2 不同排放情景下温室气体的等效 CO_2 浓度

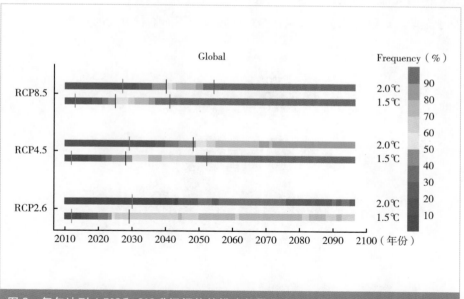

图3 每年达到1.5℃和2℃升温阈值的模式数量百分比（黑色竖线为多模式集合平均达到相应升温阈值的时间，红色、蓝色竖线则分别对应达到升温阈值时间的90%置信区间）

尤其在北极地区，呈现出明显的"北极放大"现象，这主要是由冰雪、水汽、云等正反馈过程造成。不同排放情景下陆地达到某一升温阈值的时间基本相同，如在欧亚中部、北美中部、南美北部、澳大利亚中部以及非洲北部和南部地区，均在2020年前达到1.5℃升温阈值；海洋地区则随着排放情景的增大，其达到升温阈值的时间明显提前，以北半球太平洋地区为例，在RCP2.6情景下，该区在2100年并未达到2℃阈值，而在RCP4.5情景下，其增暖在2060年以后超过2℃，在RCP8.5情景下则提前到2040年。

就中国地区而言，在同一情景下，年平均温度达到某一升温阈值的时间亦呈现出明显的区域差异，具体表现为：东北和西北地区在2020年以前即可达到1.5℃升温，其他地区则偏晚；2℃升温阈值的空间分布亦如此。需要注意的是，RCP4.5情景下，华中、华东、华南地区在2030年才达到1.5℃升温，甚至比RCP2.6情景下出现的时间还晚，这可能是由于在2030年以前RCP4.5和RCP2.6情景下排放的CO_2浓度并没有显著差别（见图2）。与全球平均相比，中国大部地区的升温速率比全球快，即其达到1.5℃和2℃升温的时间要早于全球。这就意味着，中国在全球变暖背景下面临着更大的升温压力。

1.5℃和2℃升温阈值下中国温度和降水变化

科学应对气候变化需要基于不同升温水平下的气候变化预估。在此，我们给出了不同排放情景（RCP2.6、RCP4.5和RCP8.5）下1.5℃和2℃升温阈值时中国温度和降水的年际和季节变化，以及1.5℃和2℃增暖对中国气候造成的影响差异。

一 中国年和季节的温度变化

相对于参考时段（1986~2005年），1.5℃升温阈值时，RCP2.6情景下中国年平均温度升高表现为从南到北增强，大值区主要位于东北、西北和青藏高原，三种情景下的空间分布基本相同；季节尺度上温度变化的空间分布与年平均温度类似，主要表现为高纬度和高海拔地区升温幅度较大。以冬季为例，在1.5℃升温阈值时，三种排放情景预估的东北地区升温幅度达1.4℃以上，而中国南部地区的升温幅度为0.8℃。2℃升温阈值时中国年平均温度的空间分布与1.5℃时类似，但其升温幅度明显增大；季节上，东北和青藏高原部分地区冬季的升温幅度明显大于年平均温度。RCP4.5和RCP8.5情景下温度的空间分布基本类似。

1.5℃到2℃的半度增暖使中国年平均温度显著增加，表现为从南向北升温幅度不断增大，以东北、西北和青藏高原部分地区增加最为明显，两种情景下的空间分布类似。季节尺度上，不同阈值下温度差异的空间分布与年平均温度的差异基本类似。RCP8.5情景下，春季东北地区温度增幅略低，东北西北部地区并未通过显著性检验。

就区域平均而言，相对于参考时段（1986~2005 年），1.5℃升温阈值时 RCP2.6、RCP4.5 和 RCP8.5 情景下中国年平均温度分别增加 1.22℃、1.14℃ 和 1.17℃，表明相对于工业化革命前期，中国将分别增暖 1.83℃、1.75℃、1.78℃（1986~2005 年相对于工业化革命前期温度增加 0.61℃），略大于全球升温幅度；2℃升温阈值时，RCP4.5 和 RCP8.5 情景下中国区域平均温度将分别升高 1.88℃和 1.93℃，即相对于工业化革命前期中国年平均温度将分别升高 2.49℃ 和 2.54℃，仍大于全球升温阈值（表 1）。进一步对比发现，同一升温阈值下不同情景预估的中国未来温度变化差异不大，即不同排放情景下不同时刻达到相同阈值时中国温度变化无显著差异；而随着升温阈值的增加，中国平均温度明显升高，从 1.5℃到 2℃升温阈值，RCP4.5 和 RCP8.5 情景下中国年平均温度分别升高 0.74℃和 0.76℃。

图 1 绘制了不同情景不同升温阈值水平下中国年平均温度变化的概率密度，相对于历史时期而言，在全球升温 1.5℃和 2℃时，中国年平均温度的概率密度曲线明显向右移动且分布变宽，且 2℃升温阈值时，曲线向右偏移程度更大，这表明，1.5℃到 2℃的半度增暖使中国的平均温度明显升高，极热天气出现的概率明显增大，并将分别成为 1.5℃和 2℃升温阈值下的常态。季节尺度上，1.5℃升温阈值时 RCP2.6 情景下中国春季、夏季、秋季和冬季的区域平均温度分别升高 1.21℃、1.20℃、1.26℃和 1.19℃，增幅基本与年平均温度距平类似，RCP4.5 和 RCP8.5 情景下的表现亦如此，但是由于不同气候模式对季节尺度温度的模拟离散程度较大，其 90% 的分位数预估区间明显大于年平均温度的预估区间；2℃升温阈值时的季节尺度上的温度变幅也在年平均温度增幅附近上下波动（表 1）。总体而言，春季和夏季的温度增幅略小于年平均温度的增加，而秋季和冬季温度的增幅则大于年平均温度的增加（RCP2.6 情景下的冬季除外）。

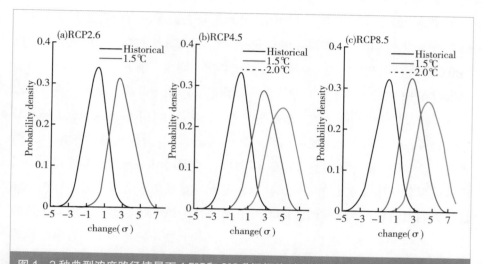

图1　3种典型浓度路径情景下1.5℃和2℃升温阈值时中国年平均温度变化的概率密度
分布

表1　3种典型浓度路径情景下1.5℃和2℃升温阈值时中国区域平均的年和季节温度
变化（括号中为90%分位数区间）

单位：℃

	1.5℃（℃）			2.0℃（℃）	
	RCP2.6	RCP4.5	RCP8.5	RCP4.5	RCP8.5
年	1.22（0.54,1.94）	1.14（0.43,1.78）	1.17（0.64,1.75）	1.88（0.98,2.72）	1.93（0.98,2.84）
春季	1.21（0.44,2.05）	1.07（0.39,1.69）	1.11（0.43,1.80）	1.80（1.15,2.82）	1.81（1.01,2.74）
夏季	1.20（0.34,1.92）	1.11（0.48,1.81）	1.13（0.46,1.70）	1.82（0.90,2.48）	1.88（0.95,2.57）
秋季	1.26（0.34,1.98）	1.20（0.34,1.76）	1.20（0.46,1.74）	1.94（0.90,2.83）	2.00（0.99,2.85）
冬季	1.19（0.18,1.91）	1.19（0.23,1.93）	1.22（0.65,1.86）	1.94（0.82,2.90）	2.00（1.25,3.17）

二　中国年和季节的降水变化

1.5℃升温阈值时在RCP2.6情景下，除长江流域部分地区中国年平均降
水量整体表现为增加的趋势，其中以西北地区降水增加最为明显，与目前中

国正在经历的变化相吻合，即中国西北地区正在向暖湿方面转变；RCP4.5 和 RCP8.5 情景下中国年平均降水的空间分布与 RCP2.6 情景类似，但其变化幅度略低，且在西南和华南地区降水减少的趋势更为明显。季节尺度上，1.5℃升温阈值时在 RCP2.6 情景下，春季青藏高原南部、华南地区降水减少；夏季降水的空间分布与年平均降水的分布基本一致；秋季长江中下游地区表现为降水减少的趋势；冬季则在云南地区出现一个少雨带。1.5℃升温阈值时在 RCP4.5 情景下，春季除华南地区内蒙古和东北部分地区的降水也在减少；夏季塔克拉玛干沙漠部分地区降水也在减少；秋季和冬季除青藏高原南部地区，与 RCP2.6 情景下的空间分布基本类似。1.5℃升温阈值时在 RCP8.5 情景下，不同季节的降水分布与 RCP4.5 基本相同。就整体而言，模式在不同情景下的青藏高原地区的评估结果差异较大，这可能是因为青藏高原地区海拔较高且地形起伏较大，气候模式对其降水的模拟能力相对较差，模式误差在该区存在放大现象。

2℃升温阈值时，中国年平均降水量变化的空间分布与 1.5℃升温阈值类似，但整体幅度较 1.5℃升温阈值时略大，东北、华北和西北大部分地区降水将增加 8% 以上，且西南和长江流域降水减少的区域在收缩。季节尺度上，除春季青藏高原东南部和华南地区、夏季新疆西北部和长江中下游地区、秋季的华中地区和冬季的青藏高原南部和西南地区，中国其他区域降水均表现为增加趋势，RCP4.5 和 RCP8.5 的分布形式基本相同。值得注意的是，不论是 1.5℃升温阈值还是 2℃升温阈值，夏季长江中下游地区都表现为降水减少。

我们对 RCP4.5 和 RCP8.5 情景下 1.5℃和 2℃升温阈值时多模式集合平均的中国降水变化的差异进行了研究。RCP4.5 情景下，相对于 1.5℃升温阈值，2℃升温阈值时中国年平均降水量略有增加，表现为华北、东北、青藏高原和华南地区降水增加明显，而西北地区降水则有小幅减少。从季节尺度上看，从 1.5℃升温阈值到 2℃升温阈值，降水总体表现为增加趋势，春季、夏季和冬季降水差异的空间分布与年降水量相似，但是通过显著性检验的区域明显缩小；秋季，除西北地区外长江中下游地区降水也在减少。在 RCP8.5 情景下，1.5℃和 2℃升温阈值下降水差异的空间分布与 RCP4.5 下较为类似，但是不论年降水还是季节降水，其降水减少的区域较 RCP4.5 情景下增大。

1.5℃升温阈值时中国年平均降水量的区域平均值在 RCP2.6 情景下增加 5.03%，较其他情景更为明显，表明该情景下降水量对温度的响应更为敏感；2℃升温阈值时在 RCP4.5 和 RCP8.5 情景下中国年平均降水分别增加 6.26% 和 5.86%（见表 2）。1.5℃到2℃的半度增暖使区域平均的中国年平均降水量增加，RCP4.5 和 RCP8.5 情景下分别增加 3.44% 和 2.59%。不同升温情景下中国年平均降水变化的概率分布表明（见图 2），其概率密度曲线略向右移动但远小于温度的变化。除 RCP8.5 情景下的 1.5℃升温阈值外，其余分布的变幅均增大，表明未来中国年平均降水量的变率增大，洪涝和干旱出现的概率增加。2℃升温阈值下的概率密度曲线较 1.5℃时向右偏移更明显，进一步证明了半度增暖下中国年平均降水量将增加。降水的季节变化与年平均变化一致，都表现出增加的趋势，在 1.5℃升温阈值时春季、夏季、秋季和冬季区域平均的降水在 RCP2.6 情景下分别增加 5.84%、4.31%、4.84% 和 6.47%，RCP4.5 和 RCP8.5 情景下的增幅略低（见表 2）。总体而言，以冬季降水增加幅度最为明显，这可能是因为在全球变暖背景下东亚冬季风减弱，而偏弱的冬季风使冷空气势力减弱，有利于低纬的暖湿气流北上，使冬季降水偏多。

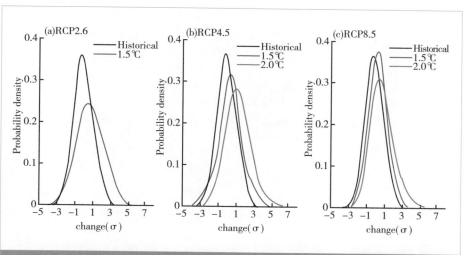

图2 3种典型浓度路径情景下 1.5℃和2℃升温阈值时中国年平均降水变化的概率密度分布

表2　3种典型浓度路径情景下1.5℃和2℃升温阈值时中国区域平均的年和季节降水变化（括号中为90%分位数区间）

单位：%

	1.5℃（℃）			2.0℃（℃）	
	RCP2.6	RCP4.5	RCP8.5	RCP4.5	RCP8.5
年	5.03（−3.02,9.60）	2.82（−2.24,5.76）	3.27（−0.60,6.20）	6.26（0.29,13.29）	5.86（−1.17,11.86）
春季	5.84（−7.57,12.39）	2.68（−4.77,7.81）	4.27（−3.87,9.59）	6.27（−9.27,15.85）	6.40（−4.38,12.29）
夏季	4.31（−2.44,9.23）	1.86（−4.05,4.66）	2.30（−2.72,7.47）	5.77（−0.64,14.20）	4.56（−2.10,10.61）
秋季	4.84（−2.85,12.53）	3.67（−3.13,9.58）	3.66（−4.70,10.20）	6.37（−7.56,14.63）	5.66（−5.61,13.63）
冬季	6.47（−3.02,12.03）	4.02（−6.66,12.16）	4.73（−7.29,20.10）	7.89（−6.96,18.80）	9.71（−10.41,21.52）

1.5℃和2℃升温阈值下中国
极端温度事件

中国地处亚洲东部，特殊的地理位置使中国气象灾害频发。20世纪90年代以来，每年因气象灾害造成的经济损失高达2000亿元人民币，约占国内生产总值的2%（Zhou et al，2014）。因此，在全球变暖背景下，科学地对未来的极端气候事件进行预估，能够为政府部门采取相应的适应措施提供理论基础。

一 中国极端温度气候事件的空间分布

我们对1.5℃升温阈值下RCP4.5情景中的中国6种极端温度指数的空间分布进行了研究。考虑到RCP2.6和RCP8.5的空间分布基本与RCP4.5情景下的空间分布类似，其结果不再一一列出。多模式集合平均的结果显示我国最暖昼温度（TXx）普遍增加，空间差异相对较小，大部分地区增温幅度为0.8~1.4℃；最暖夜温度（TNn）呈现明显的区域差异，以东北和青藏高原南部地区增温幅度最大，增幅达1.4℃以上，而华南地区的增幅较小；暖昼和暖夜出现频率普遍增加且暖夜频率增加更为明显，空间上二者都表现为在西南和华南地区增幅最大，东北地区增幅最小；冷昼（TX10p）和冷夜（TN10p）的变化与此相反，其出现频率普遍减小且冷夜出现频率的减小幅度略大于冷昼，二者的空间分布类似，主要表现为东北和青藏高原地区减幅最为明显。

2℃升温阈值下，中国暖昼、暖夜、冷昼和冷夜变化的空间分布与1.5℃升温阈值下基本类似，即暖昼和暖夜增幅大区主要位于低纬地区，而冷昼和冷夜减幅大区则主要发生在高纬和高海拔地区；最暖昼温度、最冷夜温度的空间分布略有差异，主要表现为在 2℃升温阈值时，西北和华北地区最暖昼温度增加幅度明显高于其他地区，最冷夜温度除在东北和青藏高原地区仍旧保持一个增长高值以外，在西北地区也出现一个高值区。无论是 1.5℃还是在 2℃升温阈值下，大部地区与日最低温度相关的极端事件的变化幅度大于与日最高温度相关的极端事件的变化幅度。需要指出的是，TNn 的增加幅度相对于 TXx 整体是偏大的，其幅度变化最大的地区主要位于高纬度和高海拔地区，以东北和青藏高原的差异最为明显，但是在华南地区 TNn 的升温幅度小于 TXx 的增加幅度。

我们对多模式集合平均的 1.5℃和 2℃升温阈值下中国极端温度事件的差异进行了研究。在 RCP4.5 情景下，与 1.5℃升温阈值相比，2℃升温阈值下的中国最暖昼温度显著升高且区域差异不明显，升温幅度为 0.6~0.9℃；最冷夜温度主要表现为北方地区增加幅度大于南方，并以青藏高原南部地区增加最为显著；暖昼、暖夜出现频率显著增加且暖夜增幅更大，二者的空间分布类似，并以青藏高原南部增加幅度更为明显；冷昼、冷夜出现频率减少且空间分布类似，大部分地区减少频率在 1.5% 与 2% 之间。在 RCP8.5 情景下，相对于 1.5℃升温阈值，2℃升温阈值时最暖昼温度的空间分布形式与 RCP4.5 略有不同，表现为明显的区域分异特征，在东北和长江中下游地区出现升温大值区，升温幅度在 1.2℃以上；最冷夜温度除青藏高原南部以外，在新疆北部和东北北部也出现异常的升温大值区；暖昼、暖夜、冷昼和冷夜的差异的空间分布基本与 RCP4.5 情景类似，此处不再赘述。

二　中国极端温度事件对全球升温的响应

上述分析已经证明 1.5℃到 2℃的半度增暖将使中国极端暖事件显著增加，而极端冷事件显著减少，与全球尺度上极端温度的变化特征相一致（Schleussner et al.，2016）。在区域尺度上，中国极端温度事件对全球升温的响应是线性的还是非线性的呢？

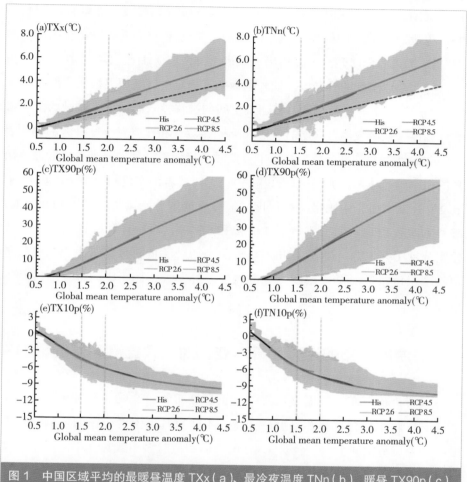

图1　中国区域平均的最暖昼温度 TXx（a）、最冷夜温度 TNn（b）、暖昼 TX90p（c）、暖夜 TN10p（d）、冷昼 TX10p（e）和冷夜 TN10p（f）指数与全球平均温度变化的关系

　　图1绘制了中国区域平均的极端温度指数与全球温度变化的曲线。伴随着温升水平的提高，最暖昼温度、最冷夜温度呈现明显的线性增加趋势，且其斜率大于1，也表明中国最暖昼和最暖夜的升温幅度大于全球温度的变化，当全球升温达到1.5℃阈值时，中国最暖昼温度增加1.10℃，而最冷夜温度增加1.27℃，增幅大于最暖昼温度；2℃升温阈值时最暖昼温度和最冷

夜温度则分别增加 1.85℃和 2.01℃。同样，暖昼和暖夜对全球温度变化的响应也表现为明显的线性关系且暖夜的增加速率大于暖昼，相对于历史参考时段，1.5℃全球升温下暖昼出现频率增加 7.88%而暖夜增加 10.29%。另外，随着全球温度的升高以上四种指数的不确定性区间明显增大 [图 1（a）、（b）、（c）、（d）]，可能是由于随着时间的推移模式间的方差被放大。与最暖昼温度、最冷夜温度、暖昼和暖夜不同，冷昼和冷夜对全球升温的响应表现为非线性关系，当全球温升水平较低时，伴随着温度的升高冷昼和冷夜出现的概率迅速减小，而当全球升温达到 3℃时二者的变化趋于平缓。从 1.5℃到 2℃升温阈值，中国最暖昼温度、最冷夜温度分别增加 0.75℃和 0.74℃，暖昼和暖夜出现频率分别增加 7.61%和 8.32%，而冷昼和冷夜出现的百分比则分别下降 1.73 个百分点和 1.75 个百分点。不同排放情景下中国区域平均极端温度指数对全球温度变化的响应差异不大，图 1 中的拟合曲线基本重合。

三 温度分布的迁移和峰度变化对极端温度事件的影响

基于极值分布理论温度通常是呈正态分布的，这就表明极端事件的发生同时依赖于位置迁移和峰度的变化。本研究基于温度分布的迁移和峰度变化的温度界限阈值分别计算了 1.5℃升温阈值时多模式集合平均的中国遭受极端温度事件的陆地面积的累积概率分布，如图 2 所示。温度分布的迁移使暖昼和暖夜发生概率显著增大（累积概率密度曲线向右偏移），冷昼和冷夜发生概率则明显降低（累积概率密度曲线向左偏移）；峰度的变化使以上四种极端温度事件发生的概率都增加，尤其对于冷昼和冷夜而言，尽管全球温度在升高，但是因变率而造成的极端冷事件的发生概率可能是小幅增加的。对以上极端温度事件的概率分布的差异进行 Kolmogorov-Smirnov 检验，计算的 p 值均等于 0，证明温度分布的迁移和峰度变化对极端概率事件的影响都是显著的。表 1 定量计算了迁移和峰度变化对极端温度事件贡献的百分比。同一温升水平下，峰度变化对极端温度指数发生概

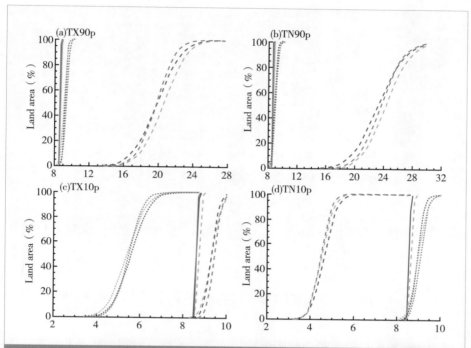

图2 1.5℃升温阈值时不同排放情景下基于不同90%分位数的中国暖昼、暖夜、冷昼和冷夜变化（相对于1986~2005年）的空间累积概率分布。其中红色、绿色和蓝色分别代表RCP2.6、RCP4.5和RCP8.5情景，实线以未来原始90%分位数为阈值，长虚线以T_{shift}为阈值，短虚线以$T_{broaden}$为阈值

率的影响相对较小，其贡献的百分比在10%左右；而温度分布的迁移使冷昼和冷夜出现的概率减少50%左右，暖昼和暖夜出现的概率则增加了100%以上，即当比较因温度分布的迁移和峰度变化而造成的影响时，位置迁移对极端事件发生概率的影响明显大于峰度变化造成的影响。同样，从1.5℃到2℃升温阈值，位置迁移引起的极端温度事件概率的变化幅度明显大于峰度，也就是说，伴随着全球温度的增加，相对于温度变率，平均温度的变化对极端气候的影响加大。不同排放情景下，位置迁移和峰度变化对结果的影响差异不大。

表1 1.5℃和2℃升温阈值下温度概率分布的迁移和峰度变化对极端温度事件贡献的
百分比

单位：%

	1.5℃						2℃			
	Shift			Broaden			Shift		Broaden	
	RCP2.6	RCP4.5	RCP8.5	RCP2.6	RCP4.5	RCP8.5	RCP4.5	RCP8.5	RCP4.5	RCP8.5
TX90p	137.14	129.66	128.42	4.64	6.49	7.77	206.02	209.28	8.33	8.82
TN90p	180.35	170.08	174.83	1.85	3.26	4.20	268.12	275.90	2.91	3.14
TX10p	37.89	35.15	36.47	7.00	8.00	9.64	57.24	58.17	9.97	10.78
TN10p	47.58	45.86	47.60	3.81	4.43	6.20	66.74	68.18	8.29	5.36

四 中国极端温度事件在不同月份的发生概率

1956~2008年中国暖昼和暖夜增加最显著的季节分别为秋季和夏季，而冷昼和冷夜日数减少最为明显的季节为冬季（周雅清、任国玉，2010），那么全球变暖背景下中国极端温度事件的发生概率又将呈现怎样的变化呢？图3绘制了历史和未来不同温升水平下温度百分位数指数的年周期变化。值得注意的是，本研究在计算极端温度指数的阈值时，对每个格点历史时期每天的界限温度进行了统计，也就意味着在历史参考时段中国区域平均的暖昼、暖夜、冷昼和冷夜在每天发生的概率是相当的，即10%左右。伴随着全球温度的升高，暖昼和暖夜的发生概率都将增加，其中暖昼发生概率以8~10月增加最为明显，暖夜则提前到7~9月份，也就意味着早秋时节仍需警惕极端高温的出现；冷昼和冷夜的发生概率降低，但不同月份的变化幅度差异并不明显。极端温度事件在一年中不同时间发生的概率因排放情景不同所造成的差异相对较小，而温升水平对不同极端温度事件年周期的影响表现不尽相同，2℃升温时暖昼和暖夜的发生概率明显大于1.5℃升温，冷昼和冷夜的减幅则相对较小。

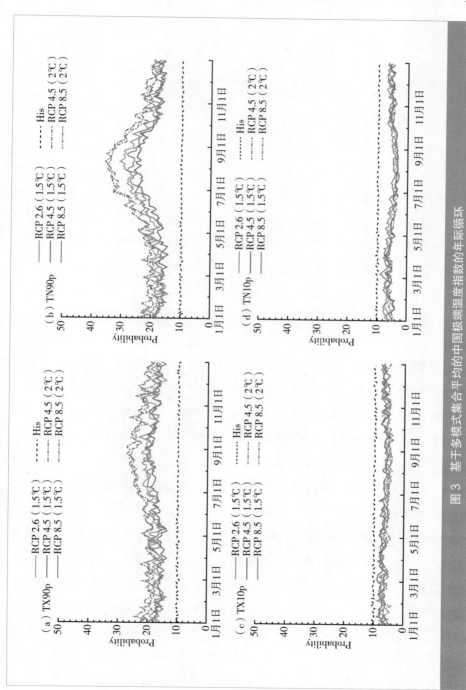

图 3　基于多模式集合平均的中国极端温度指数的年际循环

B.5
1.5℃和2℃升温阈值下中国
极端降水事件

全球气候变暖，引起地表蒸发加剧，使大气中可利用的水汽增加，导致极端降水的强度和频率增加；同时，蒸发的加剧也在一定程度上增加了干旱发生的可能性，使温度升高在增加极端降水的同时，也将导致干旱事件增加。因此，在全球变暖背景下科学地对极端降水进行预估具有重要的现实意义。

一 中国极端降水事件的变化及其差异

以RCP4.5情景为例，重点描述1.5℃和2℃升温阈值下中国极端降水事件的变化及其差异，RCP2.6和RCP8.5情景下极端降水事件的变化如与RCP4.5不同，则进行重点描述。我们对在RCP4.5排放情景下，相对于历史时段（1986~2005年），1.5℃升温时多模式集合平均的中国极端降水事件变化的空间分布进行了研究。降水总量（PRCPTOT）主要表现为中国北部地区普遍增加，而华南、西南部分地区略有减少，表明目前西南地区正在经历的干旱在不久的将来会继续发生；在RCP2.6情景下，降水减少的面积在收缩；在RCP8.5情景下，降水减少的区域则向华中地区扩张。降水强度（SDII）除在零星地区为负值外，在整个中国区域基本为正值，其变化幅度在0与6%之间，表明未来中国降水的极端性在增强。最大1天降水量（RX1day）和最大5天降水量（RX5day）的分布与SDII的分布基本一致，东北、西北和黄河中游部分地区变化幅度较小，RCP2.6排放情景下的空间分布略有不同，华南地区出现一个明显的负值中心。强降水量（R95p和R99p）与PRCPTOT表现出一致的空间分布模态，但其增加幅度更大，表明中国降水量的变化主要是由高强度降水决定的。就降水频率而言，降雨日数（R1mm）以30°N为界，北方地区增加而南方减少；中雨日数（R10mm）的变化幅度较小，介于-1到2天之间，华南和西南地区表现为减少趋势，而增幅较大的地区主要位于青藏高原东部和黄淮地区；大雨日数（R20mm）除在华南和西南地区表现为弱增加趋势外，其他地区的分布形势与R10mm基本类似。表征极端降水持续时间的CDD的分布基本与R1mm的空间分布相反。总体而言，降水频率在整个中国区域的变化并不明显，但SDII的变化幅度低于PRCPTOT，证明降水频率的增加对降水增加的贡献也不可忽略。

在2℃升温时，RCP4.5排放情景下的PRCPTOT、SDII、RX1day、RX5day、R95p和R99p整体表现为增加的趋势，且空间分布类似，以东北、华北、西北和青藏高原部分地区增加幅度最大，尤其是华南和西南地区的变化趋势也将由负转正，表明在此升温阈值下中国降水强度普遍增加；R1mm和CDD的空间分布与1.5℃升温阈值基本一致，表现为南北相反的变化趋势；R10mm在全国范围内明显增加，且青藏高原东部地区增加最为明显，西北地区增加幅度最低，RCP8.5情景下的分布与此类似，但在华中地区表现为弱减少趋势；R20mm以长江以南地区增加幅度最大，东北和华北东部地区增加趋势也相对比较明显。特别需要注意的是，华南和西南在RX1day和RX5day增加的同时，CDD也在增加，也就意味着，2℃升温时该区在洪涝风险增加的同时，干旱发生的可能性也在增加，尽管其降水总量（PRCPTOT）表现为增加的趋势。

我们对从1.5℃到2℃的半度增暖下中国的极端降水事件的变化特征进行了研究。在RCP4.5情景下，0.5℃增暖使中国极端降水事件的强度（PRCPTOT、SDII、R95p和R99p）普遍增加，且空间分布类似，以东北、西北、华南和青藏高原部分地区增加幅度最为明显；RX1day和RX5day亦在东北、西北部分地区表现为增幅大区，但是其在广西部分地区却出现一个负值区，其减小幅度为2%~4%；R1mm沿西北-东南方向呈现出类似的"+-+"的三极子分布形势，以东北、青藏高原东部和华南地区增加最为显著，而在RCP8.5情景下，R1mm差值的空间分布与RCP4.5情景略有不同，增幅大区主要位于青藏高原西部和内蒙古北部地区；R10mm 的空间分布与 R1mm 的空间分布较为类似，也沿西北 – 东南方向表现出一定的区域分布特征，但其整体表现为增加的趋势，从华北向西北方向的延伸地带在增幅上略低于东北和青藏高原地区；R20mm 也表现为全国的普遍增加，但增加幅度较低，基本小于 1 天；而 CDD 则以减少为主，且以黄河中下游地区减幅最大，长江中下游部分地区则略有增加。

极端降水的发生相对比较随机，且相对于平均降水有更为显著的年际变化。因此，不同模式对极端降水变化的预估符号（正或负）存在较大差异。本研究以参加计算的所有模式中至少有 66% 的模式结果与多模式集合平均的结果相同作为描述模式一致性的标准。表征极端降水指数强度特征的物理量，如 PRCPTOT、SDII、R95p 和 R99p 除在中国中部和西北部分地区外，在大部分地区具有较高的模式一致性，即表明从 1.5℃到 2℃的半度增暖将使中国极端降水的强度显著增加。对于极端降水频率而言，中雨日数模式一致性的区域分布特征与 PRCPTOT 基本一致，而小雨日数和大雨日数的模式一致性相对较差，连续干日也未表现出明显的模式一致性特征。

基于 1.5℃和 2℃升温时极端降水事件的空间分布，本研究计算了 RCP4.5 情景下相对于历史参考时段（1986~2005 年），多模式集合平均预估的极端降水事件变化的面积累积概率分布，如图 1 所示。与 1.5℃升温相比较，2℃升温时中国极端降水指数向右偏移，且以强降水量的偏移最为明显，而降水频率的偏移较小。使用 Kolmogorov–Smirnov 检验对极端降水指数在不同温升水平下的累积概率分布进行显著性检验，除 CDD 外，均达到 0.01 的显著性水平，进一步证明从 1.5℃到 2℃的半度增暖将使中国极端降水事件显著增加。

二　年际和日尺度的中国极端降水对升温的响应特征

研究表明，全球尺度上极端降水对升温的响应表现为显著的线性关系（Wang et al，2017），中国区域尺度极端降水事件对全球升温的响应特征如图 2 所示。伴随着全球温度的升高，除连续干日（CDD）外，其他 9 种指数

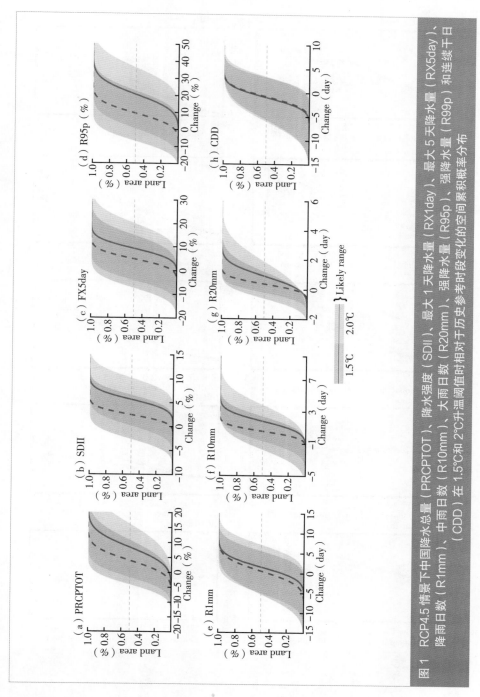

图1 RCP4.5情景下中国降水总量（PRCPTOT）、降水强度（SDII）、最大1天降水量（RX1day）、最大5天降水量（RX5day）、降雨日数（R1mm）、中雨日数（R10mm）、大雨日数（R20mm）、强降水量（R95p）、强降水量（R99p）和连续干日（CDD）在1.5℃和2℃升温阈值时相对于历史参考时段变化的空间累积概率分布

农业应对气候变化蓝皮书

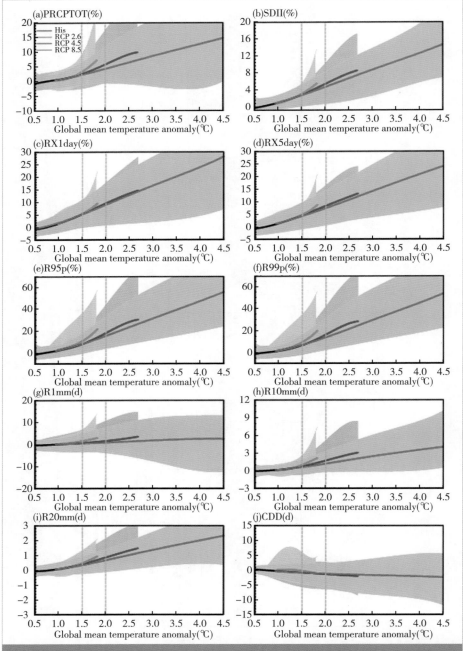

图 2　年际尺度上中国区域平均的降水总量（PRCPTOT）、降水强度（SDII）、最大
1 天降水量（RX1day）、最大 5 天降水量（RX5day）、降雨日数（R1mm）、
中雨日数（R10mm）、大雨日数（R20mm）、强降水量（R95p）、强降水量
（R99p）和连续干日（CDD）指数与全球平均温度变化的关系

均表现为近似的线性增加趋势，其中表征极端降水发生频率特征的 R1mm、R10mm、R20mm 三个指数对增温的响应比较平缓。以 RCP4.5 情景为例，在 1.5℃升温阈值时，多模式集合平均的以上三个指数分别增加了 0.47 天、0.53 天和 0.38 天，变化幅度非常小。表征降水强度特征的指数，如 PRCPTOT、SDII、RX1day、RX5day、R95p 和 R99p 对增温的线性响应更为显著，表明未来中国降水的极端性在增强，不仅表现在单次降水量级（SDII）的增加，且极端降水的过程降水量（RX1day 和 RX5day）也在增加，同时由于极端降水产生的总降水量（R95p 和 R99p）也将增多。全球尺度上 CDD 对升温的响应表现为线性增加趋势，与此相反，中国区域平均的 CDD 呈现出较弱的减少趋势，1.5℃升温阈值时在 RCP4.5 和 RCP8.5 排放情景下分别比历史时期减少 0.86 天和 0.94 天，而在 2℃升温阈值时则分别减少 1.08 天和 1.2 天。不同排放情景下，极端降水指数对温度响应的敏感性主要表现为 RCP2.6>RCP4.5>RCP8.5。同时，由于不同模式对物理过程的描述不同及其物理参数等的不同，模式的模拟结果存在不确定性，且其不确定性范围伴随全球温度的升高明显增大（图 2），这可能是随着时间的推移，模式间的方差被放大造成的。

以 R99p 为例，进一步探讨年际尺度上极端降水对温度响应的定量敏感性。历史条件下，当地温度每升高 1℃，R99p 将增加 8.14%，基本在 C–C 变率附近波动。但是，多模式集合平均的预估结果显示，未来变暖背景下 R99p 对温度变化的响应更加敏感，在 RCP2.6、RCP4.5 和 RCP8.5 情景下，其随温度增加的速率分别为 15.49%/℃、12.91%/℃ 和 10.98%/℃，明显大于历史时期的增加速率。那么，极端降水对温度的响应在更小的时间尺度上的表现又是如何呢？日尺度上中国区域平均的极端降水随温度的变化趋势如图 3 所示。当气温相对较低时，极端降水的强度随温度的增加而有所增强，但其增加速率小于 C–C 速率，约为 4%/℃，当温度超过 19℃时，伴随着温度的增加，极端降水反而有所减弱，且减小的速率大于增加的速率。1.5℃升温下极端降水对温度的响应曲线除达到峰值降水以后的极端降水量略有增加外，与历史参考时段的响应曲线基本重合，意味着全球升温 1.5℃时中国区域平均的日尺度极端降水对温度的依赖关系变化并不明显。

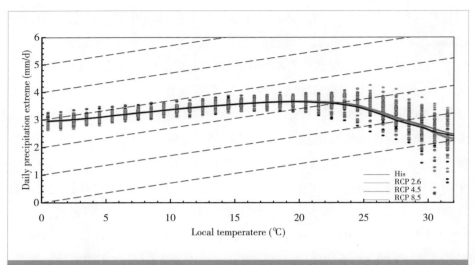

图3　当代和 1.5℃升温阈值时中国区域平均的日尺度极端降水强度（R99p）随温度的变化曲线，其中圆点代表不同的模式数据，实线为多模式集合平均的结果，虚线为 C-C 速率，其中 y 坐标轴经过了对数转化

B.6
水稻生产的高温热害危险性

一　单季稻生产的高温热害危险性

（一）高温热害发生频率及其变化趋势

长江中下游地区单季稻在抽穗开花期常受高温热害影响，导致产量明显下降（图1）。在参考时期P0（1986~2005年），单季稻热害发生概率呈轻度＞中度＞重度趋势，各等级热害平均发生概率分别为11.3%、6.1%和5.2%。在RCP2.6、RCP4.5和RCP8.5情景下，单季稻热害发生概率在21世纪前、中、后期呈增加趋势，均大于参考时期。在同一时期，单季稻热害发生概率随排放情景增大而增大；在RCP8.5情景下21世纪后期单季稻热害发生概率最大，平均约为48%，最大发生概率达80%左右。

（二）高温热害发生面积及其变化趋势

不同情景下21世纪长江中下游地区单季稻轻度、中度、重度热害和总热害发生面积在2010~2100年随时间推移呈线性增加趋势（图2）。在2080年以前，单季稻热害发生面积均是在RCP2.6和RCP4.5情景下最大，在RCP8.5情景下相对较小；而在2080年以后，在RCP8.5情景下单季稻热害发生面积显著增加，且逐渐达到最大。

进一步分析不同情景下21世纪前、中、后期三个时间段单季稻不同等级热害发生面积发现（表1），在参考时期P0，各热害等级发生面积为：轻度＞中度＞重度，分别占主产区总面积的6.6%、4.3%和3.6%

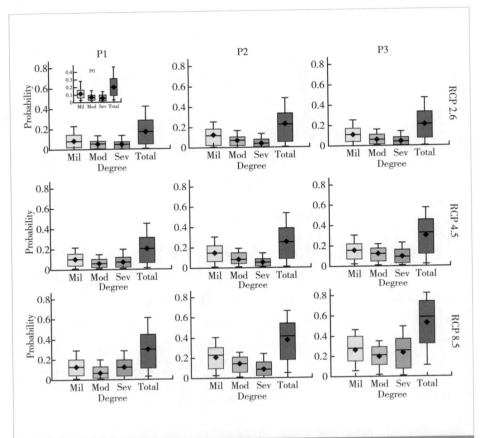

图 1　不同情景下单季稻高温热害发生概率

注：左上角小图是 P0，参考期（1986~2005 年）发生概率；Mil，轻度；Mod，中度；Sev，重度；Total，灾害总概率；P1，前期（2016~2035 年）；P2，中期（2046~2065 年）；P3，后期（2081~2100 年）。盒型图从上往下黑线分别表示发生概率的 95%、75%、50%、25% 和 5% 分位数；黑色菱形表示平均值。

（图 3）。不同情景下 21 世纪前、中、后期，单季稻各热害等级发生面积仍是轻度 > 中度 > 重度（RCP8.5 情景下 P3 时期除外），且各等级热害发生面积均随时间推移呈显著增加趋势，未来单季稻各等级热害发生面积均是在 RCP8.5 情景下最大。

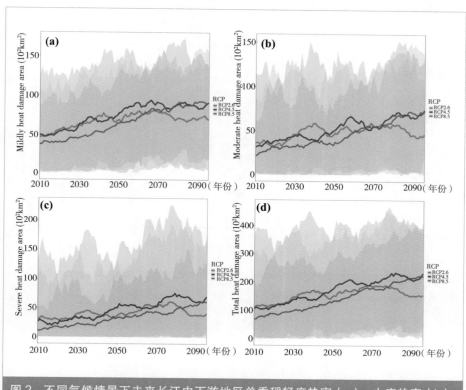

图2 不同气候情景下未来长江中下游地区单季稻轻度热害（a）、中度热害（b）、重度热害（c）和总热害（d）发生面积

灾害等级	气候情景	发生面积（10⁵ha）			
		P0	P1	P2	P3
轻度	RCP2.6	5.11	5.78	7.38	6.89
	RCP4.5		5.76	8.21	8.83
	RCP8.5		8.13	11.97	15.42
中度	RCP2.6	3.33	4.00	4.99	4.96
	RCP4.5		4.12	5.78	6.98
	RCP8.5		5.81	9.47	12.72
重度	RCP2.6	2.76	3.59	4.25	4.32
	RCP4.5		2.83	5.22	6.89
	RCP8.5		5.08	9.55	17.35

表1 不同气候情景下单季稻不同等级高温热害发生面积

注：P0，参考时期（1986~2005年）；P1，前期（2016~2035年）；P2，中期（2046~2065年）；P3，后期（2081~2100年）。

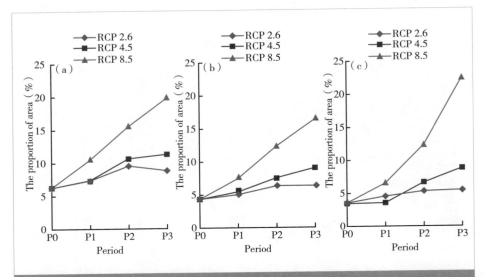

图3　不同气候情景下单季稻不同等级高温热害发生面积占主产区总面积的百分比

注：P0，参考时期（1986~2005年）；P1，前期（2016~2035年）；P2，中期（2046~2065年）；P3，后期（2081~2100年）；（a）轻度；（b）中度；（c）重度。

（三）高温热害发生概率的空间分布

通过对不同情景下长江中下游单季稻高温热害发生概率的空间分布进行研究发现，在参考时期P0，高温热害发生概率呈中部高、东部低的分布格局，其中江苏北部、安徽中部和湖北东南部单季稻高温热害每年发生概率为30%~50%，其他地区发生概率小于30%。与参考时期P0相比，RCP2.6、RCP4.5和RCP8.5情景下21世纪单季稻高温热害发生概率增大，整体呈中部高、东部低的分布格局。随排放情景增大，未来单季稻热害发生概率大于50%的分布范围增大，且随时间推移呈增加趋势，在RCP8.5情景下21世纪后期，单季稻主产区范围内（除浙江和江西北部）热害发生概率均大于50%。

通过对不同情景下未来21世纪前、中、后期单季稻轻度、中度和重度热害发生概率的空间分布进行研究发现，在参考时期P0，单季稻热害发生概率以轻度最高，中度和重度较低。不同情景下未来单季稻热害发生概率以轻度最多，中度和重度较低，整体呈中部高、东部低的分布格局。其中各等级高温热害发生概率的空间分布在未来随时间推移高概率发生范围呈增加趋势，且随排放情景增大而显著增大。

二 双季早稻生产的高温热害危险性

（一）高温热害发生频率及其变化趋势

长江中下游和华南地区双季早稻在抽穗开花 – 灌浆结实期常受高温影响，产量明显下降。不同情景下双季早稻高温热害发生概率（图4），在参考时期

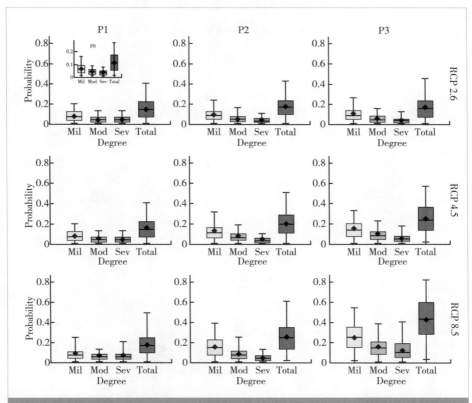

图4 不同气候情景下双季早稻高温热害发生概率

注：左上角小图是 P0，参考期（1986~2005 年）发生概率；Mil，轻度；Mod，中度；Sev，重度；Total，灾害总概率；P1，前期（2016~2035 年）；P2，中期（2046~2065 年）；P3，后期（2081~2100 年）。盒型图从上往下黑线分别表示发生概率的 95%、75%、50%、25% 和 5% 分位数；黑色菱形表示平均值。

P0（1986~2005年），呈轻度 > 中度 > 重度趋势，各等级热害平均发生概率分别为6.0%、3.5%和2.5%。RCP2.6、RCP4.5和RCP8.5情景下，双季早稻热害发生概率在21世纪前、中、后期呈增加趋势，均大于参考时期。在同一时期，双季早稻热害发生概率随排放情景增大而增大，在RCP8.5情景下21世纪后期双季早稻总热害发生概率最大，约为43%。

（二）高温热害发生面积及其变化趋势

不同情景下21世纪双季早稻轻度、中度、重度热害和总热害发生面积随时间推移呈线性增加趋势（图5），在2030年以前，双季早稻轻度、中度和重度热害发生面积在RCP2.6、RCP4.5和RCP8.5情景下无显著性差异；

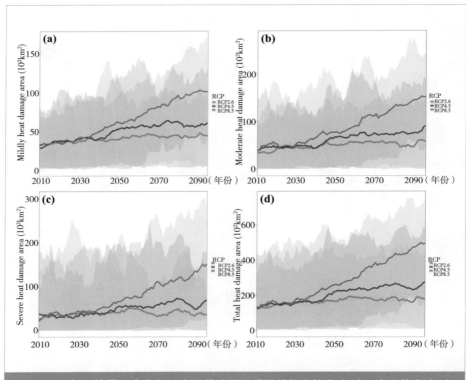

图5　不同气候情景下未来长江中下游地区双季早稻轻度热害（a）、中度热害（b）、重度热害（c）和总热害（d）发生面积

在 2030 年以后，双季早稻各等级热害发生面积均是在 RCP8.5 情景下最大，RCP4.5 情景下其次，RCP2.6 情景下最小。

进一步分析不同情景下 21 世纪前、中、后期三个时间段双季早稻不同等级热害发生面积发现（表 2），在参考时期 P0，各热害等级发生的面积为：轻度 > 中度 > 重度，分别占主产区总面积的 4.9%、3.0% 和 2.4%（图 6）。不同情景下 21 世纪前、中、后期，双季早稻各热害等级发生的面积仍是轻度 > 中度 > 重度，且各等级热害发生面积均随时期推移呈显著增加趋势，且 21 世纪后期双季早稻各等级热害发生面积均是在 RCP8.5 情景下最大，分别约占主产区总面积的 17.4%（轻度）、12.8%（中度）和 12.2%（重度）；RCP4.5 情景下其次，RCP2.6 情景下最小。

表 2　不同气候情景下双季早稻不同等级高温热害发生面积

灾害等级	气候情景	发生面积（10^5ha）			
		P0	P1	P2	P3
轻度	RCP2.6	5.37	7.03	7.96	8.24
	RCP4.5		7.40	10.31	11.20
	RCP8.5		7.13	12.24	19.12
中度	RCP2.6	3.33	4.45	5.40	5.36
	RCP4.5		4.77	6.90	8.05
	RCP8.5		5.15	8.25	14.03
重度	RCP2.6	2.64	3.87	4.67	3.96
	RCP4.5		3.34	5.31	6.46
	RCP8.5		3.97	7.05	13.39

注：P0，参考时期（1986~2005 年）；P1，前期（2016~2035 年）；P2，中期（2046~2065 年）；P3，后期（2081~2100 年）。

（三）高温热害发生概率的空间分布

不同情景下双季早稻高温热害发生概率的空间分布表现为，在参考时期 P0，高温热害发生概率呈西南高、东部低的分布格局，其中广西南部早稻高

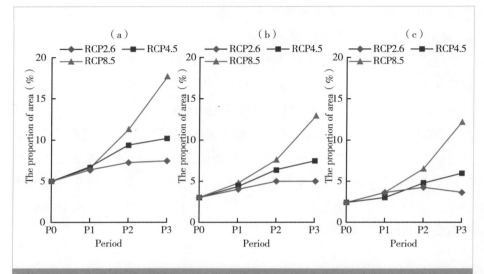

图6 不同气候情景下双季早稻不同等级高温热害发生面积占主产区总面积的百分比

注：P0，参考时期（1986~2005年）；P1，前期（2016~2035年）；P2，中期（2046~2065年）；P3，后期（2081~2100年）；（a）轻度；（b）中度；（c）重度。

温热害发生概率高达30%~50%，广东大部、江西西部以及湖北南部早稻热害发生概率在10%以上，其他地区发生概率小于10%。与参考时期P0相比，RCP2.6、RCP4.5和RCP8.5情景下未来双季早稻高温热害发生概率增大，整体呈西南和中部高、东部低的分布格局。随排放情景增大，未来双季早稻热害发生概率大于50%的分布范围增大，且随时间推移呈增加趋势。在RCP8.5情景下，21世纪后期热害发生概率大于50%的分布范围最大，主要包括广西南部、广东大部以及江西部分区域。

比较不同情景下未来21世纪前、中、后期双季早稻轻度、中度和重度热害发生概率的空间分布发现，在参考时期P0，双季稻热害以轻度最高，中度其次，重度最小。不同情景下未来双季早稻热害发生概率以轻度最多，中度其次，重度较低，整体呈南高北低的分布格局。其中各等级高温热害发生概率的空间分布在未来随时间推移高概率发生范围呈增加趋势，且随排放情景增大而显著增大。

三 双季晚稻生产的高温热害危险性

（一）高温热害发生频率及其变化趋势

长江中下游和华南地区双季晚稻在抽穗开花期常受高温影响，产量明显下降。不同气候情景下双季晚稻高温热害发生概率变化（图7），在参考时期P0(1986~2005年)，呈轻度＞中度＞重度趋势，各等级热害平均发生概率分别为5.7%、3.0%和2.4%。RCP2.6和RCP4.5情景下，双季晚稻热害发生概率

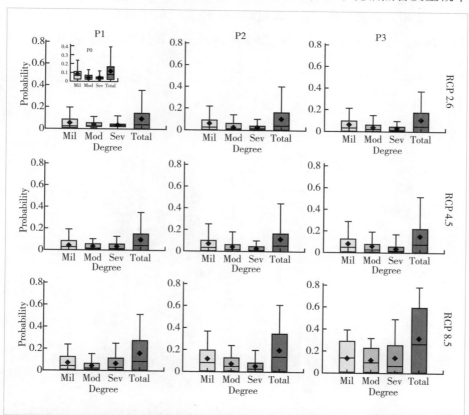

图7　不同气候情景下双季晚稻高温热害发生概率

注：左上角小图是P0，参考期（1986~2005年）发生概率；Mil，轻度；Mod，中度；Sev，重度；Total，灾害总概率；P1，前期（2016~2035年）；P2，中期（2046~2065年）；P3，后期（2081~2100年）。盒型图从上往下黑线分别表示发生概率的95%、75%、50%、25%和5%分位数；黑色菱形表示平均值。

在 21 世纪前、中、后期呈小幅增加趋势，均大于参考时期，但变化不显著；RCP8.5 情景下未来双季晚稻热害发生概率随时间推移显著增大。在同一时期，双季晚稻热害发生概率随排放情景增大而增大，在 RCP8.5 情景下 21 世纪后期双季晚稻总热害平均发生概率最大（约为 31%），且最大发生概率可达 60%。

（二）高温热害发生面积及其变化趋势

不同情景下 21 世纪双季晚稻轻度、中度、重度热害和总热害发生面积在 2010~2100 年随时间推移呈线性增加趋势（图 8）。在 2030 年以前，双季晚稻轻度、中度和重度热害发生面积在 RCP2.6、RCP4.5 和 RCP8.5 情景下无显著性差异；在 2030 年以后，双季晚稻各等级热害发生面积均是在 RCP8.5 情

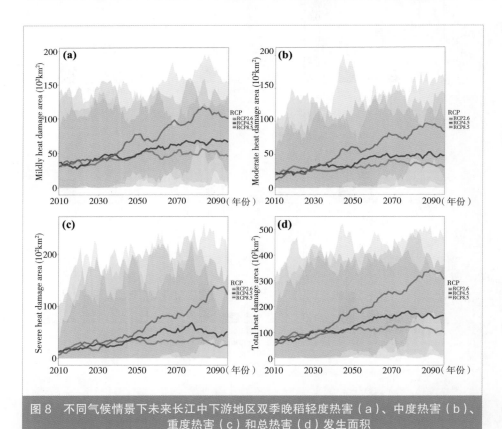

图 8　不同气候情景下未来长江中下游地区双季晚稻轻度热害（a）、中度热害（b）、重度热害（c）和总热害（d）发生面积

景下最大，RCP4.5 情景下其次，RCP2.6 情景下最小。

进一步分析不同情景下 21 世纪前、中、后期三个时间段双季晚稻不同等级热害发生面积发现（表 3），在参考时期 P0，各热害等级发生的面积为：轻度 > 中度 > 重度，分别占主产区总面积的 2.1%、1.3% 和 0.9%（图 9）。21世纪前期，轻度、中度和重度热害在不同气候情景下变化不显著。不同情景下 21 世纪中、后期双季晚稻各热害等级发生的面积是轻度 > 重度 > 中度。与参考时期 P0 相比，不同情景下各等级热害发生面积在 21 世纪前期小幅增大，在中期和后期显著增大，且未来双季晚稻各等级热害发生面积均是在 RCP8.5情景下 21 世纪后期最大，分别约占主产区总面积的 9.8%（轻度）、8.2%（中度）和 11.2%（重度）；RCP4.5 情景下其次，RCP2.6 情景下最小（图 9）。

表 3 不同气候情景下双季晚稻不同等级高温热害发生面积

灾害等级	气候情景	发生面积（10⁵ha）			
		P0	P1	P2	P3
轻度	RCP2.6	2.27	3.83	4.68	4.98
	RCP4.5		3.74	5.40	6.45
	RCP8.5		3.94	7.57	10.71
中度	RCP2.6	1.40	2.82	3.15	3.32
	RCP4.5		2.68	4.13	4.77
	RCP8.5		2.63	6.13	8.97
重度	RCP2.6	0.97	2.41	3.20	2.90
	RCP4.5		2.21	4.48	5.06
	RCP8.5		2.79	6.26	12.30

注：P0，参考时期（1986~2005 年）；P1，前期（2016~2035 年）；P2，中期（2046~2065 年）；P3，后期（2081~2100 年）。

（三）高温热害发生概率的空间分布

不同情景下双季晚稻高温热害发生概率的空间分布，在参考时期 P0，高温热害发生概率呈西北高、东南低的分布格局，其中湖北南部和湖南东北部双季晚稻高温热害发生概率达 20% 以上，东部和南部大部分区域热害发生概率小于 10%。与参考时期 P0 相比，RCP2.6、RCP4.5 和 RCP8.5 情景下未来

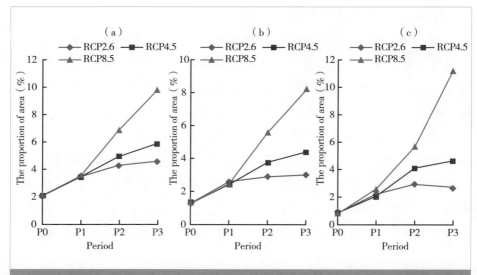

图9 不同情景下双季晚稻不同等级高温热害发生面积占主产区总面积的百分比

注：P0，参考时期（1986~2005年）；P1，前期（2016~2035年）；P2，中期（2046~2065年）；P3，后期（2081~2100年）；（a）轻度；（b）中度；（c）重度。

双季晚稻高温热害发生概率增大，且随时间推移呈增加趋势，整体呈西北高、东南低的分布格局。随排放情景增大，未来双季晚稻热害发生概率大于30%的分布范围增大，且随时间推移呈增加趋势，在RCP8.5情景下21世纪后期，热害发生概率大于30%的分布范围最大，其中在江西南部、湖北东部、湖南西南部和安徽南部区域发生概率均大于50%。

不同情景下未来21世纪前、中、后期双季晚稻轻度、中度和重度热害发生概率的空间分布，在参考时期P0，以轻度最高，中度和重度其次。不同情景下，未来双季晚稻各等级热害发生概率的空间分布格局与总热害一致，仍以轻度最多，中度和重度较低。随时间推移，21世纪前、中、后期各等级高温热害高概率发生范围呈增加趋势，且随排放情景增大而显著增大。

四　水稻生产的高温热害危险性比较

不同情景下单季稻、双季早稻、双季晚稻的总热害发生面积（表4），在参考时期 P0，发生面积分别占种植区总面积的 14.4%、10.3% 和 4.2%（图 10）。不同情景下，未来单季稻、双季早稻和双季晚稻热害发生面积显著大于参考时期，并在 21 世纪前、中、后期呈增加趋势。21 世纪中、后期单季稻、双季早稻和双季晚稻热害发生面积均是在 RCP8.5 情景下最大，其次是在 RCP4.5 情景下，在 RCP2.6 情景下最小。RCP8.5 情景下 21 世纪后期三者的总热害发生面积最大，分别占主产区总面积的 58.5%（单季稻）、42.4%（双季早稻）和 29.2%（双季晚稻）。

表 4　不同气候情景下不同水稻类型总热害发生面积

水稻类型	气候情景	发生面积（10^5ha）			
		P0	P1	P2	P3
单季稻	RCP2.6	11.20	13.37	16.62	16.16
	RCP4.5		12.70	19.21	22.70
	RCP8.5		19.02	30.99	45.49
双季早稻	RCP2.6	11.34	15.35	18.03	17.57
	RCP4.5		15.52	22.52	25.71
	RCP8.5		16.26	27.54	46.54
双季晚稻	RCP2.6	4.63	9.06	11.02	11.20
	RCP4.5		8.63	14.00	16.28
	RCP8.5		9.36	19.96	31.98

注：P0，参考时期（1986~2005 年）；P1，前期（2016~2035 年）；P2，中期（2046~2065 年）；P3，后期（2081~2100 年）。

不同情景下，未来单季稻总热害平均发生概率为 19%~53%，双季早稻和晚稻的总热害平均发生概率分别为 15%~43% 和 9%~31%，最大发生概率可达 50% 以上。为此，进一步分析不同水稻总热害发生概率大于 50% 的面积发现（图 11），不同情景下未来单季稻、双季早稻和晚稻热害发生概率大于 50% 的区域面积和占主产区的面积百分比均是在 21 世纪前期较小，中期和后期增大，并且在 RCP8.5 情景下 21 世纪后期热害发生概率大于 50% 的区域面积最大，分别约为主产区总面积的 55%、23% 和 23%。不同情景下未来不同水稻类型热害发生概率大于 50% 的平均区域面积呈单季稻 > 双季早稻 > 双季晚稻趋势（图 11）。

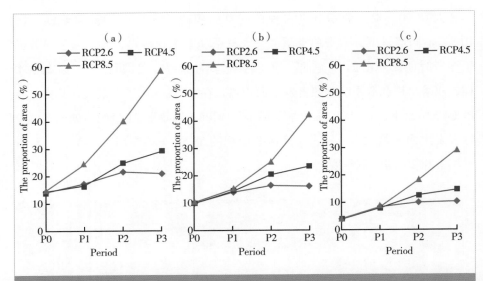

图 10　不同气候情景下单季稻（a）、双季早稻（b）、双季晚稻（c）总热害发生面积占主产区总面积的百分比

注：P0，参考时期（1986~2005 年）；P1，前期（2016~2035 年）；P2，中期（2046~2065 年）；P3，后期（2081~2100 年）。

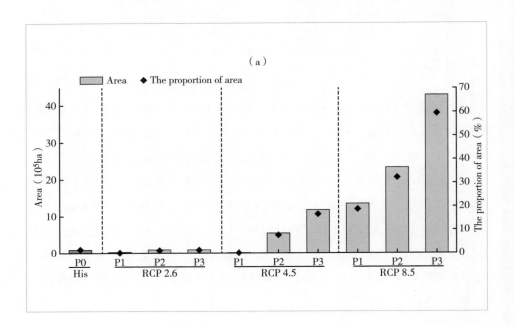

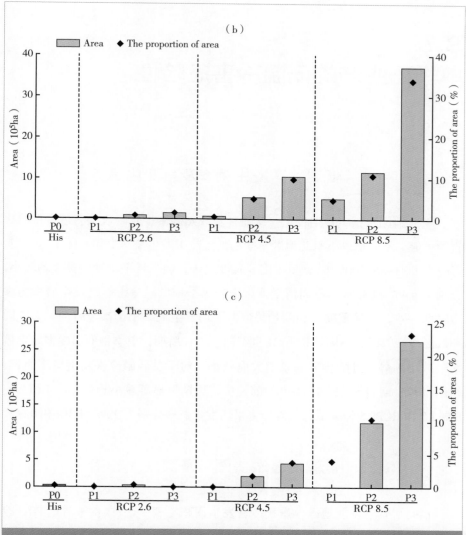

图 11　不同气候情景下单季稻（a）、双季早稻（b）、双季晚稻（c）总热害发生概率大于 50% 的面积和占主产区面积的百分比

注：P0，参考时期（1986~2005 年）；P1，前期（2016~2035 年）；P2，中期（2046~2065 年）；P3，后期（2081~2100 年）。

B.7
单季稻生产的低温冷害危险性

一　低温冷害发生频率及其变化趋势

东北地区水稻生育期较短，从播种至成熟各个生育阶段均有遭受低温冷害的可能。不同情景下东北地区单季稻低温冷害发生概率变化（图 1），在参考时期 P0(1986~2005 年)，呈重度 > 轻度趋势，但二者平均发生概率均较小，分别为 4.4% 和 3.3%。不同情景下，未来单季稻低温冷害等级发生概率与参考时期一致，也呈重度 > 轻度趋势，但平均发生概率小于参考时期。对于同一低温冷害等级，不同情景下 21 世纪前、中、后期，单季稻低温冷害发生概率呈减小趋势，且随排放情景增大而减小。对于总低温冷害发生概率而言，相比参考时期 (7.5%)，在 21 世纪前、中、后期呈显著减小趋势，在 RCP2.6、RCP4.5 和 RCP8.5 情景下总低温冷害平均发生概率分别为 2.3%、1.3% 和 0.6%。

二　低温冷害发生面积及其变化趋势

不同情景下东北地区单季稻冷害发生面积（表 1），在参考时期 P0，冷害发生面积呈重度 > 轻度趋势，其中轻度冷害发生面积接近于 0。随时间推移，冷害发生面积呈显著减小趋势（图 2）。单季稻仅重度冷害在 RCP4.5 和 RCP8.5 情景下 21 世纪前期有约 $38.5 km^2$ 的区域发生，在 21 世纪中期和后期东北地区单季稻主产区没有冷害发生。

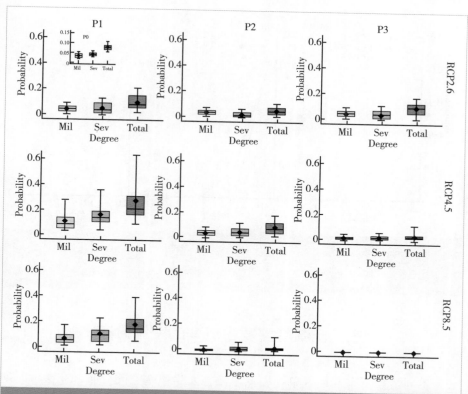

图1 不同气候情景下单季稻低温冷害发生概率

注：左上角小图是P0，参考期（1986~2005年）发生概率；Mil，轻度；Sev，重度；Total，灾害总概率；P1，前期（2016~2035年）；P2，中期（2046~2065年）；P3，后期（2081~2100年）。盒型图从上往下黑线分别表示发生概率的95%、75%、50%、25%和5%分位数；黑色圆点表示平均值。

表1 不同情景下东北地区单季稻不同等级冷害发生面积

灾害等级	气候情景	发生面积（10²ha）			
		P0	P1	P2	P3
轻度冷害	RCP2.6	0	0.00	0.00	0.00
	RCP4.5		0.00	0.00	0.00
	RCP8.5		0.00	0.00	0.00
重度冷害	RCP2.6	192.52	0.00	0.00	0.00
	RCP4.5		38.50	0.00	0.00
	RCP8.5		38.50	0.00	0.00
总冷害	RCP2.6	192.52	0.00	0.00	0.00
	RCP4.5		38.50	0.00	0.00
	RCP8.5		38.50	0.00	0.00

注：P0，参考时期（1986~2005年）；P1，前期（2016~2035年）；P2，中期（2046~2065年）；P3，后期（2081~2100年）。

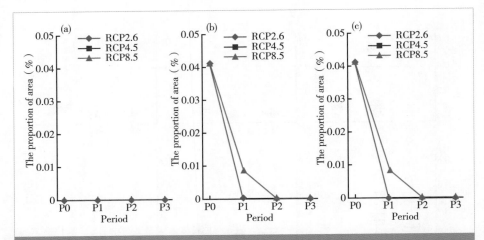

图 2　不同气候情景下东北地区单季稻不同等级冷害发生面积占主产区总面积的百分比

注：P0，参考时期（1986~2005 年）；P1，前期（2016~2035 年）；P2，中期（2046~2065 年）；P3，后期（2081~2100 年）；(a) 轻度；(b) 重度；(c) 总冷害。

三　低温冷害发生概率的空间分布

不同情景下东北地区单季稻低温冷害发生概率空间分布，在参考时期 P0(1986~2005 年)，整体呈西部高、东部低的分布格局，其中仅辽宁中西部、吉林西北部低温冷害每年发生概率达 10% 以上，其他区域发生概率小于 10%。与参考时期 P0 相比，不同情景下单季稻低温冷害发生概率空间分布与 P0 时期无显著差异，整体呈西部高、东部低的分布格局，随时间推移低温冷害发生概率呈减小趋势。RCP2.6 情景下，2006~2100 年单季稻低温冷害的发生概率均小于 5%；RCP4.5 和 RCP8.5 情景下，单季稻低温冷害发生概率随时间推移呈减小趋势，均在 21 世纪前期最大，在辽宁西部小部分区域每年发生概率达 10% 以上。

不同情景下未来 21 世纪前、中、后期东北地区单季稻轻度和重度低温冷害发生概率空间分布，以重度发生居多，轻度其次。单季稻轻度和重度低温冷害发生概率在未来随时间推移呈减小趋势，空间分布范围减小，其中轻度和重度低温冷害均在 RCP4.5 情景下 21 世纪前期发生概率最大，涉及范围最广。

B.8
双季晚稻生产的寒露风危险性

一 长江中下游地区

（一）寒露风发生概率及其变化趋势

长江中下游地区双季晚稻抽穗开花期容易遭受寒露风的影响。不同情景下长江中下游地区双季晚稻寒露风发生概率（图1），在参考时期P0(1986~2005 年)，呈中度 > 重度 > 轻度趋势，各等级寒露风平均发生概率分别为 37.1%、25.7% 和 7.3%。不同情景下 21 世纪前期、中期和后期，长江中下游地区双季晚稻寒露风发生概率呈轻度 > 中度 > 重度趋势，其中轻度发生概率大于参考时期，中度和重度寒露风发生概率则相反。不同情景下，长江中下游地区双季晚稻寒露风发生概率随时间推移呈减小趋势，且随排放情景增大而减小，在 RCP8.5 情景下 21 世纪后期发生概率接近于 0。

（二）寒露风发生面积及其变化趋势

不同背景下长江中下游地区双季晚稻不同等级寒露风发生面积（表1），在参考时期 P0，呈轻度 > 中度 > 重度趋势，分布约占主产区总面积的 22.3%、17.5% 和 6.3%（图2）。与 P0 时期相比，不同情景下 21 世纪前、中、后期，长江中下游地区双季晚稻寒露风各等级寒露风发生面积呈轻度 > 中度 > 重度趋势，且各等级寒露风发生面积均随时间推移呈显著减小趋势，减小幅度随排放情景增大而增大。RCP8.5 情景下 21 世纪后期轻度、中度和重度寒露风发生面积接近 0，而 RCP2.6 和 RCP4.5 情景下发生面积平均约占种植区总面积的 11.5%（轻度）、7.6%（中度）和 2.2%（重度）。

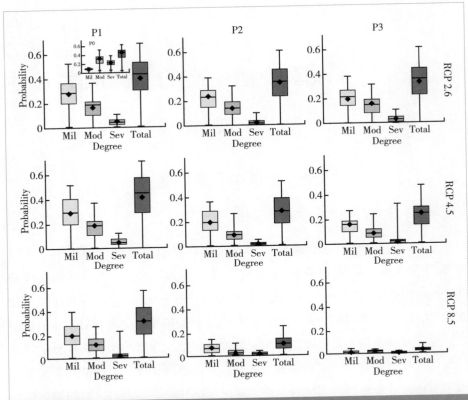

表 1　不同气候情景下长江中下游地区双季晚稻不同等级寒露风发生面积

灾害等级	气候情景	发生面积（10^5ha）			
		P0	P1	P2	P3
轻度	RCP2.6	13.16	10.79	8.44	7.90
	RCP4.5		10.69	7.71	5.68
	RCP8.5		7.67	2.81	0.85
中度	RCP2.6	10.33	6.98	5.63	5.43
	RCP4.5		6.71	4.11	3.61
	RCP8.5		4.96	1.45	0.59

灾害等级	气候情景	发生面积（10⁵ha）			
		P0	P1	P2	P3
重度	RCP2.6		2.12	1.45	1.72
	RCP4.5	3.74	2.33	0.91	0.85
	RCP8.5		1.59	0.53	0.30

续表

注：P0，参考时期（1986~2005年）；P1，前期（2016~2035年）；P2，中期（2046~2065年）；P3，后期（2081~2100年）。

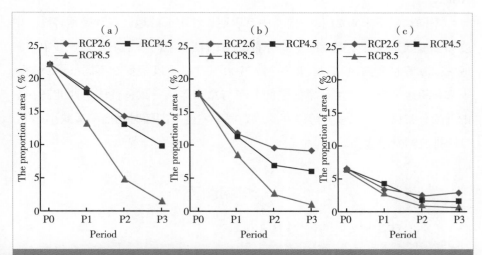

图2　不同气候情景下长江中下游地区双季晚稻不同等级寒露风发生面积占主产区总面积的百分比

注：P0，参考时期（1986~2005年）；P1，前期（2016~2035年）；P2，中期（2046~2065年）；P3，后期（2081~2100年）；（a）轻度；（b）中度；（c）重度。

（三）寒露风发生概率的空间分布

不同情景下长江中下游地区双季晚稻寒露风发生概率空间分布，在参考时期P0，整体呈北部高、南部低的分布格局，其中安徽南部、湖北东南部、湖南东部、江西北部，以及浙江大部分区域双季晚稻寒露风平均每年发生概率在30%以上，仅江西和湖南南部的小部分区域发生概率小于10%。与参考时期P0相比，未来双季晚稻寒露风高概率发生范围均比参考时期减小，且随时间推移呈减小趋势，总体呈西北高、东南低的分布格局。RCP2.6 和 RCP4.5 情景下 21 世纪前期双季晚稻寒露风发生概率的分布格局基本一致，长江中下游地区的种植区北部大部分区域每年发生概率均大于 50%，而中期和晚期双季晚稻寒露风发生概率在 50% 以上的范围在减小；在 RCP8.5 情景下，双季晚稻寒露风发生概率比 RCP2.6 和 RCP4.5 情景下小，且到 21 世纪后期长江中下游地区双季晚稻的种植区大部分寒露风发生概率最小，不足 10%。

不同情景下未来 21 世纪前、中、后期长江中下游地区双季晚稻轻度、中度和重度寒露风发生概率的空间分布，P0 时期和不同情景下未来长江中下游地区双季晚稻寒露风均以轻度最高，中度其次，重度最低。不同气候情景下未来各等级寒露风发生概率的空间分布与总寒露风一致，整体呈西北高、东南低的分布格局。未来各等级寒露风高概率发生范围随时间推移呈减小趋势，且随排放情景增大而减小。

二 华南地区

（一）寒露风发生频率及其变化趋势

华南地区双季晚稻抽穗开花期也易遭受寒露风的影响。不同情景下华南地区双季晚稻寒露风发生概率（图 3），在参考时期 P0(1986~2005 年)，呈轻度 > 中度 > 重度趋势，但各等级寒露风发生概率较小，均小于 2.1%。不同情景下 21 世纪前期、中期和后期，华南地区双季晚稻寒露风发生概率呈轻度 > 中度 > 重度趋势，但发生概率均小于参考时期。不同情景下，华南地区双季晚稻寒露风发生概率随时间推移呈减小趋势，且随排放情景增大而减小，在 RCP8.5 情景下 21 世纪后期最大发生概率接近 0。

（二）寒露风发生面积及其变化趋势

不同情景下华南地区双季晚稻不同等级寒露风发生面积（表 2），在参考时期 P0，呈轻度 > 中度 > 重度趋势，分别约占主产区总面积的 1.1%、0.9%

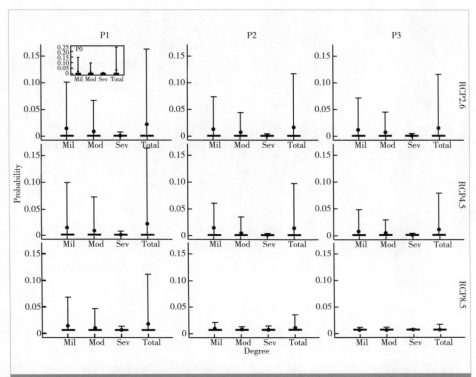

图 3　不同气候情景下华南地区双季晚稻寒露风发生概率

注：左上角小图是 P0，参考期（1986~2005 年）发生概率；Mil，轻度；Mod，中度；Sev，重度；Total，灾害总概率；P1，前期（2016~2035 年）；P2，中期（2046~2065 年）；P3，后期（2081~2100 年）。盒型图从上往下黑线分别表示发生概率的 95%、75%、50%、25% 和 5% 分位数；黑色圆点表示平均值。

和 0.1%（图 4）。与 P0 时期相比，不同情景下 21 世纪前、中、后期，华南地区双季晚稻各等级寒露风发生面积呈轻度 > 中度 > 重度，且各等级寒露风发生面积均随时间推移呈显著减小趋势，减小幅度随排放情景增大而增大。RCP8.5 情景下 21 世纪后期轻度、中度和重度寒露风发生面积接近 0，而在 RCP2.6 和 RCP4.5 情景下 21 世纪后期寒露风发生面积约占种植区总面积的 0.5%（轻度）、0.3%（中度）和 0.02%（重度）。

表 2　不同气候情景下华南地区双季晚稻不同等级寒露风发生面积

灾害等级	气候情景	发生面积（10⁵ha）			
		P0	P1	P2	P3
轻度	RCP2.6	0.56	0.39	0.33	0.30
	RCP4.5		0.39	0.27	0.20
	RCP8.5		0.30	0.09	0.03
中度	RCP2.6	0.43	0.28	0.18	0.19
	RCP4.5		0.30	0.15	0.11
	RCP8.5		0.21	0.03	0.02
重度	RCP2.6	0.05	0.02	0.02	0.02
	RCP4.5		0.02	0.01	0.01
	RCP8.5		0.02	0.03	0.00

注：P0，参考时期（1986~2005 年）；P1，前期（2016~2035 年）；P2，中期（2046~2065 年）；P3，
后期（2081~2100 年）。

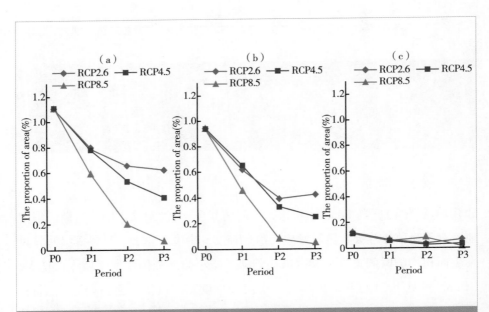

图 4　不同气候情景下华南地区双季晚稻不同等级寒露风发生面积占主产区总面积的百分比

注：P0，参考时期（1986~2005 年）；P1，前期（2016~2035 年）；P2，中期（2046~2065 年）；
P3，后期（2081~2100 年）；（a）轻度；（b）中度；（c）重度。

（三）寒露风发生概率的空间分布

不同情景下华南地区双季晚稻寒露风发生概率空间分布，在参考时期P0，整体呈西北和北部小部分区域高、中部低的分布格局，其中福建西北部和广西北部小部分区域发生概率达30%以上，其他大部分区域发生概率均不足1%。与参考时期P0相比，未来双季晚稻寒露风高概率发生范围均比参考时期小，且随时间推移呈减小趋势，总体呈北高中低的分布格局。不同情景下21世纪前、中、后期，华南地区双季晚稻寒露风发生概率的空间分布基本一致，随时间推移发生范围呈减小趋势，且随排放情景增大而减小。

不同情景下未来21世纪前、中、后期华南地区双季晚稻轻度、中度和重度寒露风发生概率的空间分布，P0时期和不同情景下未来华南地区双季晚稻寒露风均以轻度最高，中度其次，重度最低。不同情景下未来各等级寒露风发生概率的空间分布与总寒露风一致，整体呈西北和北部小部分区域高、中部低的分布格局。未来各等级寒露风高概率发生范围随时间推移呈减小趋势，且随排放情景增大而减小。

三　不同地区危险性比较

不同情景下双季晚稻总寒露风发生面积（表3）表明，在参考时期P0，长江中下游地区双季晚稻寒露风发生面积大于华南地区，发生面积分别约占主产区总面积的46%和2%（图5）。不同情景下，未来各时期均是长江中下游地区双季晚稻寒露风发生面积大于华南地区，但发生面积均小于参考时期，且发生面积随时间推移呈显著减小趋势。在21世纪前、中、后期，长江中下游地区和华南地区双季晚稻总寒露风发生面积均是排放情景越高减小幅度越大。

表3　不同气候情景下不同地区双季晚稻寒露风发生面积

地区	气候情景	发生面积（10⁵ha）			
		P0	P1	P2	P3
长江中下游地区	RCP2.6	27.24	19.88	15.52	15.06
	RCP4.5		19.73	12.73	10.14
	RCP8.5		14.22	4.79	1.74
华南地区	RCP2.6	1.04	0.70	0.52	0.51
	RCP4.5		0.71	0.42	0.32
	RCP8.5		0.53	0.16	0.05

注：P0，参考时期（1986~2005年）；P1，前期（2016~2035年）；P2，中期（2046~2065年）；P3，后期（2081~2100年）。

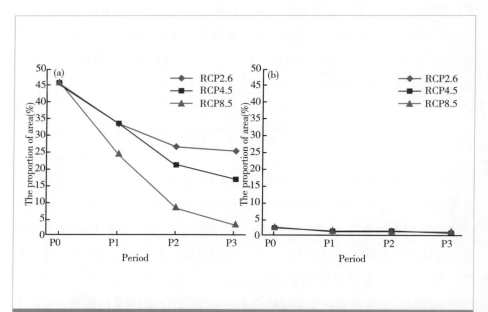

图5　不同气候情景下长江中下游地区（a）和华南地区（b）寒露风发生面积占主产区总面积的百分比

注：P0，参考时期（1986~2005年）；P1，前期（2016~2035年）；P2，中期（2046~2065年）；P3，后期（2081~2100年）。

不同情景下未来长江中下游地区双季晚稻总寒露风发生概率平均为 40% 左右,最大发生概率可达 60% 以上,而华南地区双季晚稻总寒露风发生概率平均小于 5%,最大发生概率小于 17%。在此给出了长江中下游地区双季晚稻寒露风发生概率大于 50% 的面积(图 6)。不同情景下,长江中下游地区双季晚稻寒露风发生概率大于 50% 的面积均比参考时期小,且该发生面积随时间推移呈显著减小趋势,随排放情景增大而减小。在 RCP2.6 和 RCP4.5 情景下,在 21 世纪前期长江中下游地区双季晚稻寒露风发生概率大于 50% 的面积最大,约占主产区总面积的 49%,仍存在很高危险性。

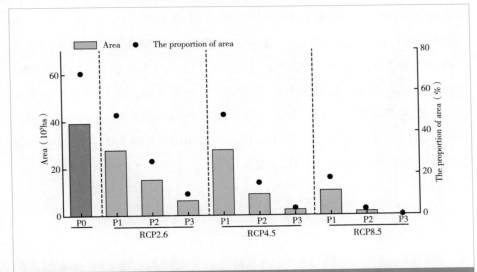

图 6 不同气候情景下长江中下游地区寒露风发生概率大于 50% 的面积和占主产区面积的百分比

注:P0,参考时期(1986~2005 年);P1,前期(2016~2035 年);P2,中期(2046~2065 年);P3,后期(2081~2100 年)。

B.9
双季早稻生产的低温阴雨危险性

一 低温阴雨发生频率及其变化趋势

长江中下游和华南地区早稻播种育秧期均有遭受低温阴雨的可能。不同气候情景下双季早稻低温阴雨发生概率（图1），在参考时期P0（1986~2005 年），呈重度 > 轻度 > 中度趋势，各等级低温阴雨平均发生概率分别为 7.3%、4.9% 和 2.7%。RCP2.6 和 RCP4.5 情景下 21 世纪前期、中期和后期，双季早稻低温阴雨发生概率呈重度 > 轻度 > 中度趋势，发生概率小于参考时期。不同情景下，双季早稻低温阴雨发生概率随时间推移呈减小趋势，且随排放情景增大而减小。在 RCP8.5 情景下，21 世纪后期总寒露风发生概率最小，约为 2.5%。

二 低温阴雨发生面积及其变化趋势

不同情景下双季早稻不同等级低温阴雨发生面积（表1），在参考时期P0，呈重度 > 轻度 > 中度，分别约占主产区总面积的 6.4%、4.1% 和 2.5%（图2）。与 P0 时期相比，不同情景下 21 世纪前、中、后期，长江中下游地区双季早稻各等级低温阴雨发生面积平均为重度 > 轻度 > 中度，且各等级低温阴雨发生面积均随时间推移呈减小趋势，RCP8.5 情景下减小幅度最大。不同情景下未来总低温阴雨发生面积也小于参考时期，且随时间推移呈显著减小趋势，在 RCP8.5 情景下 21 世纪后期发生面积最小，约占主产区总面积的 2.4%。

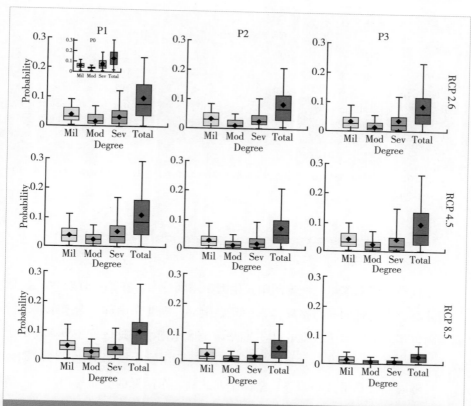

图 1 不同气候情景下双季早稻低温阴雨发生概率

注：左上角小图是 P0，参考期（1986~2005 年）发生概率；Mil，轻度；Mod，中度；Sev，重度；Total，灾害总概率；P1，前期（2016~2035 年）；P2，中期（2046~2065 年）；P3，后期（2081~2100年）。盒型图从上往下黑线分别表示发生概率的 95%、75%、50%、25% 和 5% 分位数；黑色圆点表示平均值。

表 1 不同气候情景下双季早稻不同等级低温阴雨发生面积

灾害等级	气候情景	发生面积（10^5ha）			
		P0	P1	P2	P3
轻度	RCP2.6	4.54	3.94	3.25	3.42
	RCP4.5		4.13	3.05	3.96
	RCP8.5		4.61	2.18	1.47
中度	RCP2.6	2.70	2.35	1.87	1.80
	RCP4.5		2.79	1.69	2.19
	RCP8.5		2.39	1.21	0.56

续表

灾害等级	气候情景	发生面积（10^5ha）			
		P0	P1	P2	P3
重度	RCP2.6	6.99	4.03	3.53	3.78
	RCP4.5		5.13	3.02	3.61
	RCP8.5		3.73	1.70	0.61
总低温阴雨	RCP2.6	14.23	10.32	8.64	9.01
	RCP4.5		12.05	7.75	9.76
	RCP8.5		10.73	5.09	2.64

注：P0，参考时期（1986~2005 年）；P1，前期（2016~2035 年）；P2，中期（2046~2065 年）；P3，后期（2081~2100 年）。

三 低温阴雨发生概率的空间分布

不同情景下双季早稻低温阴雨发生概率空间分布，在参考时期 P0，整体呈西北高、东南低的分布格局，其中安徽南部、湖北东南部、湖南东北部低温阴雨每年发生概率达 20% 以上，而华南地区东南沿海地区发生概率均小于5%。与参考时期 P0 相比，未来双季早稻低温阴雨发生概率均比参考时期减小，且随时间推移呈减小趋势，整体呈西北高、东南低的分布格局。不同情景下 21 世纪前期，双季早稻低温阴雨发生概率的空间分布格局基本一致，主产区西南部大部分区域每年发生概率均大于 10%，而在 21 世纪中期和后期，不同情景下双季早稻低温阴雨发生概率在 10%~50% 的区域范围均显著减小，其中在 RCP8.5 情景下 21 世纪后期，双季早稻主产区的大部分区域低温阴雨发生概率最小，不足 10%。

不同情景下未来 21 世纪前、中、后期双季早稻轻度、中度和重度低温阴雨发生概率的空间分布，P0 时期和不同情景下均以重度最高，轻度其次，中度最低。不同情景下未来各等级低温阴雨发生概率的空间分布与总低温阴雨一致，整体呈西北高、东南低的分布格局。未来各等级低温阴雨高概率发生范围随时间推移呈减小趋势，且随排放情景增大而减小。

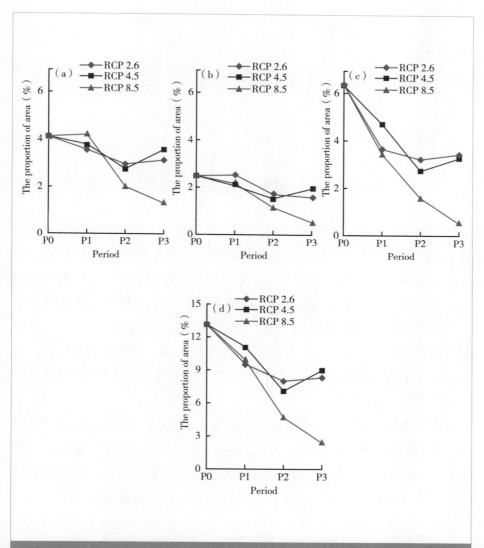

图2　不同气候情景下双季早稻不同等级低温阴雨发生面积占主产区总面积的百分比

注：P0，参考时期（1986~2005年）；P1，前期（2016~2035年）；P2，中期（2046~2065年）；P3，后期（2081~2100年）；（a）轻度；（b）中度；（c）重度；（d）总低温阴雨。

B.10
冬小麦生产的干旱危险性

一 冬小麦不同生育期干旱发生频率及其变化趋势

北方麦区冬小麦拔节－抽穗期和灌浆－成熟期易受干旱影响并导致产量下降。不同情景下冬小麦拔节－抽穗期干旱发生概率（图1），在参考时期P0(1986~2005年)，呈轻旱＞中旱＞重旱，各干旱等级平均发生概率分别为23.6%、22.1%和10.1%。不同情景下，冬小麦拔节－抽穗期干旱在21世纪前期、中期和后期轻度与中度干旱的发生概率相近，均大于重度干旱发生概率。总干旱发生概率在21世纪前期、中期和后期均无显著性差异，平均在43%~48%，与P0时期总干旱发生概率(47.5%)无显著性差异。

在参考时期P0，冬小麦灌浆－成熟期干旱发生概率呈轻旱＞重旱＞中旱，各干旱发生概率分别为25.6%、16.6%和12.9%。RCP2.6和RCP4.5情景下冬小麦灌浆－成熟期干旱发生概率呈轻度＞重度＞中度，而在RCP8.5情景下则呈重度＞轻度＞中度；总干旱发生概率在21世纪前期、中期和后期并无显著性差异，平均为41%~46%，略小于P0时期总干旱发生概率(48.2%)。

比较冬小麦拔节－抽穗期和灌浆－成熟期干旱发生概率，在参考时期P0，均是轻度干旱发生概率最大，但拔节－抽穗期中旱发生概率显著大于灌浆－成熟期，总干旱发生概率无显著差异。不同情景下，未来冬小麦轻度干旱发生概率在拔节－抽穗与灌浆成熟期无显著差异，中度干旱发生概率呈拔节－抽穗＞灌浆－成熟期，重度干旱发生概率则相反。

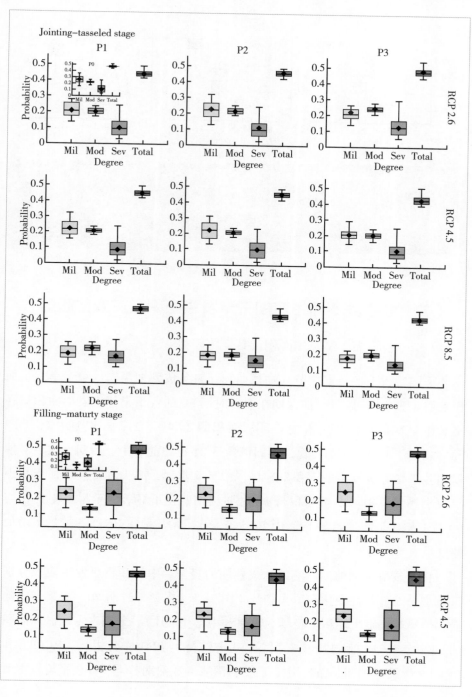

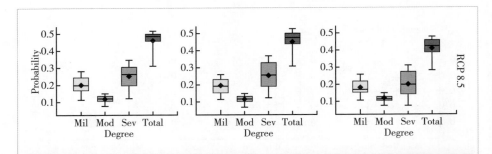

图 1　不同气候情景下冬小麦拔节—抽穗期和灌浆—成熟期的干旱发生概率

注：左上角小图是 P0，参考期（1986~2005 年）发生概率；Mil，轻度；Mod，中度；Sev，重度；Total，灾害总概率；P1，前期（2016~2035 年）；P2，中期（2046~2065 年）；P3，后期（2081~2100 年）。盒型图从上往下黑线分别表示发生概率的 95%、75%、50%、25% 和 5% 分位数；黑色菱形表示平均值。

二　冬小麦不同生育期干旱发生面积及其变化趋势

（一）各等级干旱发生面积及其变化趋势

不同背景下冬小麦拔节 – 抽穗期和灌浆 – 成熟期不同等级干旱发生面积表明（表 1），拔节 – 抽穗期在参考时期 P0 的各干旱等级发生面积呈轻旱 > 中旱 > 重旱，分别占主产区总面积的 24.4%、21.7% 和 10.9% ［图 2 （a1~a3）］。与 P0 时期相比，不同情景下 21 世纪前、中、后期，拔节 – 抽穗期各干旱等级发生的面积呈轻旱 ≈ 中旱 > 重旱，其中轻旱发生面积呈小幅减小趋势，中旱发生面积与 P0 时期相比变化不显著，重旱发生面积与 P0 时期相比呈增加趋势（除 RCP4.5 情景），尤其是在 RCP8.5 情景下增加幅度最大 ［图 2 （a3）］。

相比拔节 – 抽穗期，灌浆 – 成熟期的轻旱、中旱和重旱发生面积分别呈减小、无显著性变化和增大趋势（图 2b）。在参考时期 P0，灌浆 – 成熟期各干旱等级发生面积呈轻旱 > 重旱 > 中旱（表 1），分别占主产区总面积的 25.2%、16.6% 和 12.8% ［图 2 （b1~b3）］。与 P0 时期相比，RCP2.6 和 RCP4.5 情景下 21 世纪前、中、后期，灌浆 – 成熟期各干旱等级平均发生面积仍呈轻旱＞重旱＞中旱，其中轻旱和中旱的发生面积呈小幅减小趋势。在RCP8.5 情景下，轻旱和中旱发生面积与 P0 时期相比显著减小；重旱发生面积随时间推移呈先增加后减小趋势，且未来各时段发生面积均大于 P0 时期（图 2b）。

表 1　不同气候情景下冬小麦拔节 – 抽穗期和灌浆 – 成熟期不同等级干旱发生面积

生育期	灾害等级	气候情景	不同时期发生面积（10^5ha）			
			P0	P1	P2	P3
拔节 – 抽穗期	轻旱	RCP2.6	26.71	23.88	24.38	22.67
		RCP4.5		25.00	24.46	23.13
		RCP8.5		20.61	19.44	18.94
	中旱	RCP2.6	23.84	23.51	23.86	26.42
		RCP4.5		23.76	23.60	22.67
		RCP8.5		24.25	20.72	21.68
	重旱	RCP2.6	11.93	12.56	12.17	15.17
		RCP4.5		11.32	11.97	11.62
		RCP8.5		18.60	17.16	15.22
	总干旱	RCP2.6	62.47	59.95	60.41	64.26
		RCP4.5		60.07	60.04	57.42
		RCP8.5		63.46	57.32	55.83
灌浆 – 成熟期	轻旱	RCP2.6	27.67	22.87	24.67	26.03
		RCP4.5		25.69	24.91	25.72
		RCP8.5		21.30	19.94	18.72
	中旱	RCP2.6	14.05	13.65	13.95	13.06
		RCP4.5		13.83	13.46	13.18
		RCP8.5		11.87	11.72	11.75
	重旱	RCP2.6	18.17	24.06	21.15	20.77
		RCP4.5		18.68	18.51	19.54
		RCP8.5		26.78	27.4	21.62
	总干旱	RCP2.6	59.90	60.58	59.77	59.86
		RCP4.5		58.21	56.88	58.44
		RCP8.5		59.95	59.07	52.08

注：P0，参考时期（1986~2005 年）；P1，前期（2016~2035 年）；P2，中期（2046~2065 年）；P3，后期（2081~2100 年）。

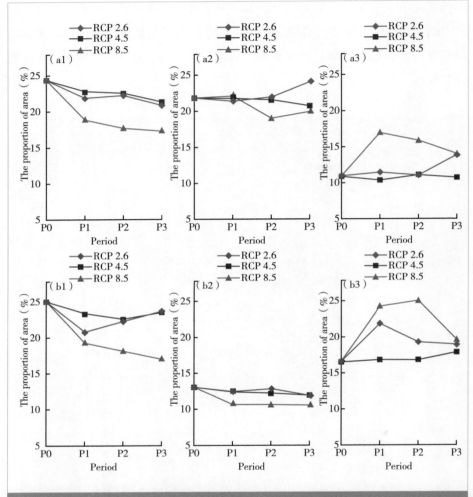

图2　不同气候情景下冬小麦不同等级干旱发生面积占主产区总面积的百分比

注：P0，参考时期（1986~2005 年）；P1，前期（2016~2035 年）；P2，中期（2046~2065 年）；P3，后期（2081~2100 年）；（a1）、（a2）、（a3）指拔节 – 抽穗期轻旱、中旱、重旱；（b1）、（b2）、（b3）指灌浆 – 成熟期轻旱、中旱、重旱。

（二）不同生育期总干旱发生面积及其变化趋势

不同情景下冬小麦总干旱发生面积（图 3），在参考时期 P0，拔节 – 抽穗期干旱发生面积大于灌浆 – 成熟期，其干旱发生面积分别约占种植区总面积的 57% 和 55%。不同情景下，未来各时期拔节 – 抽穗期和灌浆 – 成熟期总干旱平均发生面积占种植区总面积的 55% 和 53%，略小于 P0 时期，但差异不显著。与参考时期 P0 相比，RCP2.6 情景下冬小麦拔节 – 抽穗期总干旱发生面积在 21 世纪前期和中期减小，后期显著增大，灌浆 – 成熟期干旱发生面积在未来随时间推移无显著变化；RCP4.5 情景下未来冬小麦拔节 – 抽穗期和灌浆 – 成熟期干旱发生面积随时间推移呈减小趋势，但差异较小；RCP8.5 情景下未来冬小麦拔节 – 抽穗期干旱发生面积在 21 世纪前期小幅增加，中期和后期显著减小，灌浆 – 成熟期干旱发生面积随时间推移呈减小趋势。

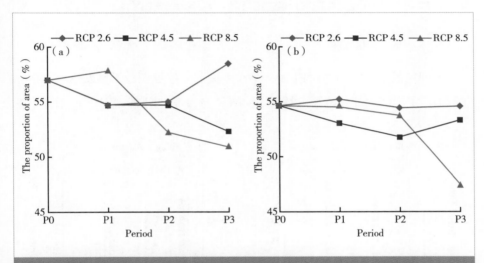

图 3　不同气候情景下冬小麦拔节 – 抽穗期（a）和灌浆 – 成熟期（b）总干旱发生面积

注：P0，参考时期（1986~2005 年）；P1，前期（2016~2035 年）；P2，中期（2046~2065 年）；P3，后期（2081~2100 年）。

不同情景下未来冬小麦拔节 – 抽穗期和灌浆 – 成熟期总干旱发生概率平均在 40% 以上，最大发生概率在 50% 以上。进一步分析冬小麦干旱发生概率大于 50% 和 40% 的面积（图4、图5）。不同情景下，北方麦区冬小麦拔节 – 抽穗期干旱发生概率大于 50% 的面积较小，仅在 RCP2.6 情景下 P3 时期发生面积显著大于 P0 时期，约占主产区总面积的 24%；未来各时期灌浆 – 成熟期干旱发生概率大于 50% 的面积大于 P0 时期（除 RCP4.5 情景下 P2 时期和 RCP8.5 情景下 P3 时期），约占主产区总面积的 10%~30%（图 4）。冬小麦拔节 – 抽穗期和灌浆 – 成熟期干旱发生概率大于 40% 的面积则显著增大（图 5），其中拔节 – 抽穗期干旱发生概率大于 40% 的面积占主产区总面积的 92%~100%，且在不同情景和不同时期之间无显著性差异；灌浆 – 成熟期干旱发生概率大于 40% 的面积占主产区总面积的 65%~93%，其他各时期干旱发生与参考期并无显著性差异（除 RCP4.5 和 RCP8.5 情景下 P3 时期），说明未来干旱对冬小麦来说是一种低概率高风险的气象灾害。

三　冬小麦不同生育期干旱发生概率的空间分布

（一）拔节–抽穗期

不同情景下，在参考时期 P0，冬小麦拔节 – 抽穗期总干旱发生概率在北方冬小麦主产区大部分范围内都大于 45%。与参考时期 P0 相比，未来冬小麦

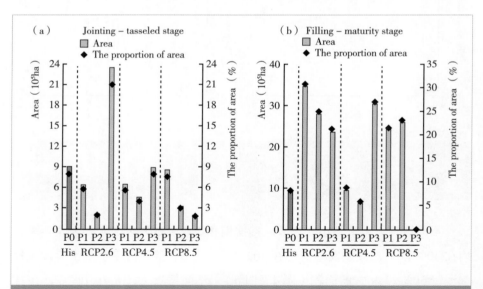

图 4　不同气候情景下冬小麦拔节 – 抽穗期（a）和灌浆 – 成熟期（b）干旱发生概率大于 50% 的面积和占主产区面积的百分比

注：P0，参考时期（1986~2005 年）；P1，前期（2016~2035 年）；P2，中期（2046~2065 年）；P3，后期（2081~2100 年）。

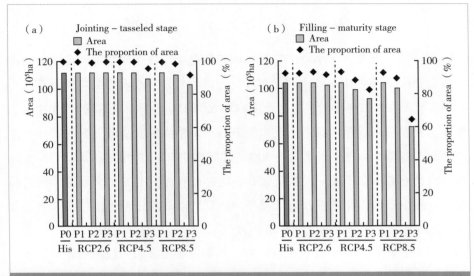

图5　不同气候情景下冬小麦拔节－抽穗期（a）和灌浆－成熟期（b）干旱发生概率大于40%的面积和占主产区面积的百分比

注：P0，参考时期（1986~2005年）；P1，前期（2016~2035年）；P2，中期（2046~2065年）；P3，后期（2081~2100年）。

拔节－抽穗期总干旱发生概率减小，空间分布整体呈北高南低格局，主产区范围内总干旱发生概率大于30%。RCP2.6情景下北方冬小麦干旱发生概率大于45%的分布范围随时间推移呈增大趋势，而在RCP4.5和RCP8.5情景下均是在21世纪前期分布范围最大，随时间推移呈减小趋势，21世纪后期仅在河北、山西、北京和天津小部分区域发生概率大于45%。

不同情景下，未来21世纪前、中、后期冬小麦拔节－抽穗期轻旱、中旱和重旱发生概率空间分布，在P0时期和不同情景下均以轻旱最高，中旱其次，重旱最低。轻度干旱整体呈南高北低的分布格局，而中度和重度干旱则呈北高南低分布格局。其中，轻旱发生概率的空间分布在未来随时间推移高概率发生范围呈减小趋势；中旱高发生概率的分布范围在RCP2.6情景下随时间推移呈增加趋势，在RCP4.5和RCP8.5情景下呈减小趋势；未来重旱发生概率随时间推移和排放情景增大，高发生概率的分布范围呈增加趋势。

（二）灌浆-成熟期

不同情景下北方冬小麦区灌浆－成熟期总干旱发生概率空间分布，在参考时期P0，除陕西中部和山西西部小部分区域外，冬小麦灌浆－成熟期总干旱发生概率在北方冬小麦主产区范围内均大于45%。与参考时期P0相比，未来冬小麦灌浆－成熟期总干旱发生概率减小，整体呈北高南低分布格局，主产区范围内总干旱发生概率大于30%（除陕西中部和山西西部小部分区域）。不同情景下冬小麦灌浆－成熟期总干旱发生概率大于45%的分布范围随时间推移呈减小趋势，并且排放情景越高，高发生概率的分布范围越小，主要分布在北方冬小麦主产区的北部和西部。

不同情景下，未来21世纪前、中、后期冬小麦灌浆－成熟期轻旱、中旱和重旱发生概率空间分布，在P0时期和不同情景下冬小麦干旱发生概率均以轻旱最高，重旱其次，中旱最低。轻度干旱整体呈南高北低的分布格局，而中度和重度干旱则呈北高南低分布格局。其中，轻旱发生概率的空间分布在未来随时间推移高概率发生范围呈减小趋势，并且排放情景越高，轻旱高发生概率分布范围越小，主要分布在主产区南部，包括江苏、安徽北部、河南南部和陕西南部区域；中旱在冬小麦主产区内发生概率主要在10%~20%，该发生概率的分布范围在RCP2.6和RCP4.5情景下随时间推移无显著变化，在RCP8.5情景下呈减小趋势；未来重旱发生概率随时间推移和排放情景增大而增加，其中高发生概率(>30%)的分布范围呈增加趋势。

B.11
冬小麦生产的涝渍危险性

一 苗期涝渍

（一）苗期涝渍发生频率的变化趋势

南方麦区冬小麦苗期、拔节期、孕穗期和抽穗灌浆期易受涝渍影响并导致产量下降。不同气候情景下冬小麦苗期涝渍发生概率变化如图1所示，冬小麦苗期主要发生轻度涝渍，不同气候情景下轻度涝渍发生概率平均在40%以上，最大发生概率在70%以上。在参考时期P0(1986~2005年)，冬小麦苗期涝渍发生概率为59.2%；RCP2.6、RCP4.5和RCP8.5情景下未来涝渍发生概率平均为50.1%、51.7%和47.9%，小于P0时期发生概率。不同气候情景下苗期涝渍发生概率在21世纪前、中、后期无显著变化。

（二）苗期涝渍发生面积的变化趋势

根据不同气候背景下冬小麦苗期涝渍发生面积（表1）可知，在参考时期P0，涝渍发生面积为 92.5×10^5 ha，约占主产区总面积的59.6%（图2）。在RCP2.6、RCP4.5和RCP8.5情景下，未来冬小麦苗期涝渍发生面积均小于P0时期，分别约占主产区总面积的50.5%、52.1%和48.3%。在21世纪前、中、后期，RCP2.6和RCP8.5情景下未来苗期涝渍发生面积呈减小趋势，RCP4.5情景下呈小幅增加趋势。

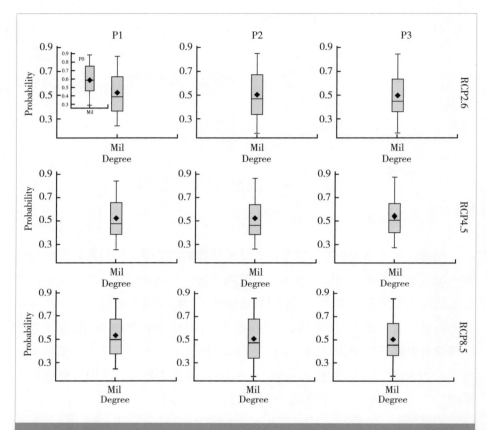

图1 不同气候情景下冬小麦苗期轻度涝渍发生概率

注：左上角小图是P0，参考期（1986~2005年）发生概率；Mil，轻度；P1，前期（2016~2035年）；P2，中期（2046~2065年）；P3，后期（2081~2100年）。盒型图从上往下黑线分别表示发生概率的95%、75%、50%、25%和5%分位数；黑色菱形表示平均值。

表1 不同气候情景下冬小麦苗期轻度涝渍发生面积

灾害等级	气候情景	发生面积（10⁵ha）			
		P0	P1	P2	P3
轻度涝渍	RCP2.6	92.53	80.45	78.04	76.94
	RCP4.5		80.32	79.30	83.24
	RCP8.5		80.16	78.99	65.82

注：P0，参考时期（1986~2005年）；P1，前期（2016~2035年）；P2，中期（2046~2065年）；P3，后期（2081~2100年）。

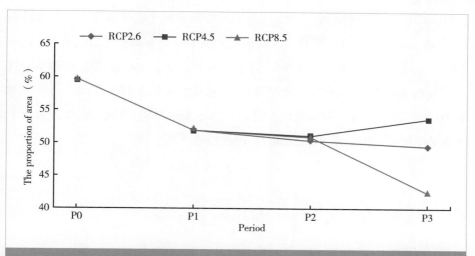

图 2 不同气候情景下冬小麦苗期轻度涝渍发生面积占主产区总面积的百分比

注：P0，参考时期（1986~2005 年）；P1，前期（2016~2035 年）；P2，中期（2046~2065 年）；P3，后期（2081~2100 年）。

（三）苗期涝渍发生概率的空间分布

通过研究不同气候情景下南方麦区冬小麦苗期涝渍发生概率的空间分布可以发现，在参考时期 P0，冬小麦苗期涝渍在南方冬小麦主产区大部分区域的发生概率都大于 50%，主要包括四川东部、贵州、重庆、云南东部、湖北南部、安徽南部和江苏南部。不同气候情景下，21 世纪冬小麦苗期涝渍发生概率减小，空间分布整体呈西北高、东南和东北低的格局，主产区大部分区域发生概率大于 30%，其中发生概率大于 50% 的区域主要集中在四川东部、重庆、贵州北部、云南北部和湖北西部，随时间推移发生概率大于 50% 的区域呈小幅减小趋势，尤其是发生概率大于 80% 的范围显著减小。

二 拔节期涝渍

（一）拔节期涝渍发生频率的变化趋势

不同气候情景下冬小麦拔节期涝渍发生概率变化如图 3 所示，拔节期轻度和中度涝渍均有发生，且中度涝渍发生概率大于轻度涝渍。在参考时期P0(1986~2005 年)，冬小麦拔节期涝渍发生概率分别为 4.0%（轻度）和 11.9%（中度），总发生概率约为 15.3%。不同气候情景下，冬小麦拔节期涝渍在 21世纪前期、中期和后期呈小幅减小趋势，总发生概率为 12%~18%，与参考时期 P0 无显著性差异。在未来同一时期，冬小麦拔节期涝渍在 RCP4.5 情景下平均发生概率最大，在 RCP2.6 和 RCP8.5 情景下其次。

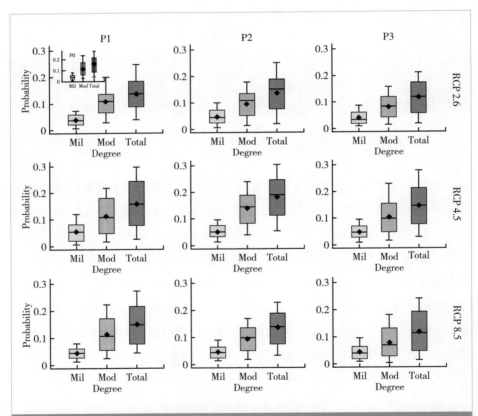

图 3　不同气候情景下冬小麦拔节期涝渍发生概率

注：左上角小图是 P0，参考期（1986~2005 年）发生概率；Mil，轻度；Mod，中度；Total，灾害总概率；P1，前期（2016~2035 年）；P2，中期（2046~2065 年）；P3，后期（2081~2100 年）。盒型图从上往下黑线分别表示发生概率的 95%、75%、50%、25% 和 5% 分位数；黑色菱形表示平均值。

（二）拔节期涝渍发生面积的变化趋势

根据不同气候情景下冬小麦拔节期不同等级涝渍发生面积（表2）可知，在参考时期P0，各涝渍等级发生的面积为：中度涝渍＞轻度涝渍，发生面积分别为 $18.48 \times 10^5 ha$ 和 $6.47 \times 10^5 ha$，约占主产区总面积的 11.9% 和 4.2%（图4）。在不同气候情景下21世纪，冬小麦拔节期涝渍发生面积仍是中度涝渍＞轻度涝渍。与参考时期P0相比，在RCP4.5和RCP8.5情景下未来拔节期轻度涝渍发生面积增加，在RCP2.6情景下轻度涝渍发生面积减小；在RCP2.6、RCP4.5和RCP8.5情景下未来中度涝渍发生面积小于P0时期（除在RCP4.5情景下的21世纪中期），且随时间推移呈减小趋势。另外，未来冬小麦拔节期涝渍发生面积均是在RCP4.5情景下最大。

表2 不同气候情景下冬小麦拔节期不同等级涝渍的发生面积

灾害等级	气候情景	发生面积（10^5ha）			
		P0	P1	P2	P3
轻度涝渍	RCP2.6	6.47	5.68	7.41	6.03
	RCP4.5		8.60	8.36	7.57
	RCP8.5		6.64	7.06	6.74
中度涝渍	RCP2.6	18.48	16.32	14.82	12.54
	RCP4.5		17.25	20.98	16.16
	RCP8.5		17.45	14.53	12.34

注：P0，参考时期（1986~2005年）；P1，前期（2016~2035年）；P2，中期（2046~2065年）；P3，后期（2081~2100年）。

（三）拔节期涝渍发生概率的空间分布

通过研究不同气候情景下南方麦区冬小麦拔节期涝渍发生概率的空间分布可以发现，在参考时期P0，冬小麦拔节期涝渍在南方冬小麦主产区大部分区域的发生概率为10%~30%，其中部分区域发生概率大于20%，主要包括四川东部、贵州东部、重庆南部、安徽南部和江苏南部。不同气候情景下未来冬小麦拔节期涝渍发生概率的空间分布与P0时期无显著差异，整体呈

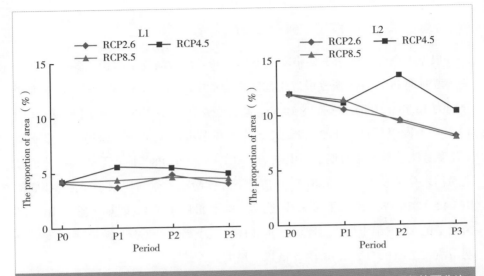

图 4　不同气候情景下冬小麦拔节期不同等级涝渍发生面积占主产区总面积的百分比

注：L1，轻度涝渍；L2，中度涝渍；P0，参考时期（1986~2005 年）；P1，前期（2016~2035 年）；P2，中期（2046~2065 年）；P3，后期（2081~2100 年）。

中部高、东南和东北低的分布格局。RCP2.6 和 RCP8.5 情景下未来冬小麦拔节期涝渍在主产区大部分区域发生概率为 10%~30%，随时间推移无显著变化；RCP4.5 情景下未来冬小麦拔节期涝渍在主产区大部分区域发生概率为 10%~30%，但在四川东部和重庆中部小部分区域发生概率大于 30%，该分布范围在 21 世纪前、中、后期呈先增加后减小趋势。

通过研究不同气候情景下未来 21 世纪前、中、后期冬小麦拔节期轻度涝渍和中度涝渍发生概率的空间分布可以发现，P0 时间和不同气候情景下未来冬小麦拔节期涝渍发生概率均以中度最高，轻度其次。轻度涝渍和中度涝渍发生概率的空间分布也呈中部高、西南和东北低的格局。其中不同气候情景下，未来轻度涝渍在主产区内大部分区域发生概率为 5%~20%，该区域随时间推移呈增加趋势，且向东移动；未来中度涝渍在主产区内大部分区域发生概率为 10%~30%，该区域随时间推移变化不显著，仅在 RCP4.5 情景下 P2 时期显著增加。

三　孕穗期涝渍

（一）孕穗期涝渍发生频率的变化趋势

不同气候情景下冬小麦孕穗期涝渍发生概率变化如图 5 所示，孕穗期轻度、中度和重度涝渍均有发生。在参考时期 P0(1986~2005 年)，冬小麦拔节期涝渍发生概率呈中度 > 重度 > 轻度，分别为 5.4%、3.8% 和 2.7%。不同气

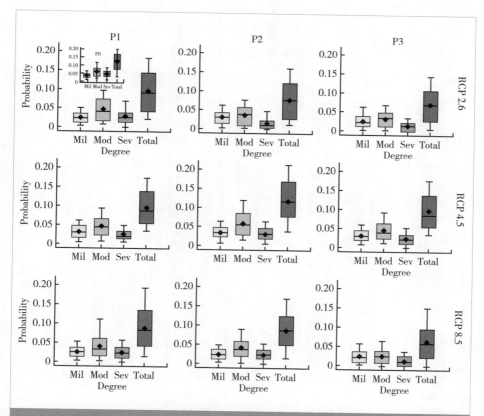

图 5　不同气候情景下冬小麦孕穗期涝渍发生概率

注：左上角小图是 P0，参考期（1986~2005 年）发生概率；Mil，轻度；Mod，中度；Sev，重度；Total，灾害总概率；P1，前期（2016~2035 年）；P2，中期（2046~2065 年）；P3，后期（2081~2100年）。盒型图从上往下黑线分别表示发生概率的 95%、75%、50%、25% 和 5% 分位数；黑色圆点表示平均值。

候情景下，未来冬小麦孕穗期涝渍发生概率呈中度＞轻度＞重度，但各等级涝渍发生概率较小，总涝渍发生概率为6%~12%，其中在RCP4.5情景下发生概率较大，RCP2.6和RCP8.5其次。在21世纪前、中、后期，冬小麦孕穗期涝渍发生概率变化不显著。

（二）孕穗期涝渍发生面积的变化趋势

根据不同气候情景下冬小麦孕穗期不同等级涝渍发生面积（表3）可知，在参考时期P0，各涝渍等级发生的面积为：中度＞重度＞轻度，发生面积分别约占主产区总面积的5.6%、3.8%和2.8%（图6）。在不同气候情景下未来冬小麦孕穗期涝渍发生面积是中度涝渍＞轻度涝渍＞重度涝渍。与参考时期P0相比，RCP4.5情景下未来孕穗期轻度涝渍发生面积随时间推移呈小幅增加，在RCP2.6和RCP8.5情景下随时间推移小幅减小；未来中度和重度涝渍在RCP2.6、RCP4.5和RCP8.5情景下随时间推移均呈减小趋势。

表3 不同气候情景下冬小麦孕穗期不同等级涝渍的发生面积

灾害等级	气候情景	发生面积（10^5ha）			
		P0	P1	P2	P3
轻度涝渍	RCP2.6	4.41	3.78	4.71	4.13
	RCP4.5		4.93	5.42	4.95
	RCP8.5		4.12	3.85	3.69
中度涝渍	RCP2.6	8.62	7.34	5.60	5.03
	RCP4.5		7.07	9.07	6.98
	RCP8.5		6.61	6.38	4.06
重度涝渍	RCP2.6	5.90	4.41	2.37	2.07
	RCP4.5		3.62	4.98	3.64
	RCP8.5		4.07	4.01	2.25

注：P0，参考时期（1986~2005年）；P1，前期（2016~2035年）；P2，中期（2046~2065年）；P3，后期（2081~2100年）。

（三）孕穗期涝渍发生概率的空间分布

通过研究不同气候情景下南方麦区冬小麦孕穗期涝渍发生概率的空间分布

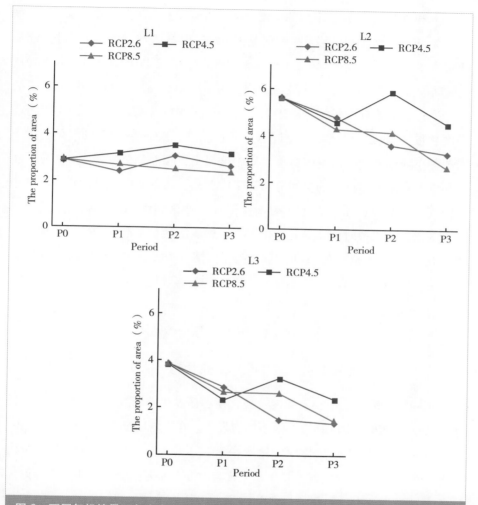

图6 不同气候情景下冬小麦孕穗期不同等级涝渍发生面积占主产区总面积的百分比

注：L1，轻度涝渍；L2，中度涝渍；L3，重度涝渍；P0，参考时期（1986~2005年）；P1，前期（2016~2035年）；P2，中期（2046~2065年）；P3，后期（2081~2100年）。

可以发现，在参考时期P0，冬小麦孕穗期涝渍在南方冬小麦主产区大部分区域的发生概率为10%~30%，其中部分区域发生概率为20%~30%，主要包括四川东部和重庆西部小部分区域。不同气候情景下未来冬小麦孕穗期涝渍发生概率的空间分布与P0时期无显著差异，整体呈中部高、东南和东北低的分布格局。

RCP2.6 和 RCP8.5 情景下未来冬小麦孕穗期涝渍在主产区大部分区域发生概率为 10%~30%，随时间推移发生涝渍范围减小；RCP4.5 情景下未来冬小麦孕穗期涝渍在主产区大部分区域发生概率为 10%~30%，与 P0 时期相比，发生范围随时间推移呈增加趋势，且其中发生概率为 20%~30% 的区域向北移动。

通过研究不同气候情景下未来 21 世纪前、中、后期冬小麦孕穗期轻度、中度和重度涝渍发生概率的空间分布我们发现，P0 时期和不同气候情景下未来冬小麦孕穗期涝渍发生概率均以中度最高，轻度和重度其次。轻度、中度和重度涝渍发生概率的空间分布也呈中部高、西南和东北低的格局。其中不同气候情景下，未来轻度和重度涝渍在主产区内大部分区域发生概率小于 10%，在未来各时期无显著变化；未来中度涝渍在主产区中部发生概率为 5%~20%，该分布范围在 21 世纪前期随排放情景增大而增大，在 21 世纪中期和后期均在 RCP4.5 情景下最大。

四 抽穗 – 灌浆期涝渍

（一）抽穗-灌浆期涝渍发生频率的变化趋势

不同气候情景下冬小麦抽穗 – 灌浆期涝渍发生概率变化如图 7 所示，抽穗 – 灌浆期轻度、中度和重度涝渍均有发生。在参考时期 P0(1986~2005 年)，冬小麦抽穗 – 灌浆期涝渍发生概率呈轻度 > 中度 > 重度，分别为 52.8%、26.2% 和 23.2%。不同气候情景下，未来各时期冬小麦抽穗 – 灌浆期涝渍发生概率均呈轻度 > 中度 > 重度，各等级涝渍发生概率平均为 51.1%、23.1% 和 16.4%。对于同一涝渍等级，涝渍发生概率在 RCP4.5 情景下最大，RCP2.6 和 RCP8.5 情景其次。不同气候情景下总涝渍发生概率在 21 世纪前、中、后期无显著差异，平均为 63.7%~72.1%，略小于 P0 时期总涝渍发生概率 (72.5%)。

（二）抽穗-灌浆期涝渍发生面积的变化趋势

根据不同气候情景下冬小麦抽穗 – 灌浆期不同等级涝渍发生面积（表 4）可知，在参考时期 P0，各涝渍等级发生的面积为：轻度 > 中度 > 重度，发生

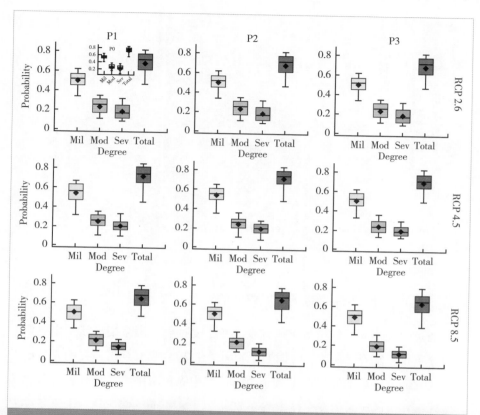

图 7　不同气候情景下冬小麦抽穗－灌浆期涝渍发生概率

注：左上角小图是 P0，参考期（1986~2005 年）发生概率；Mil，轻度；Mod，中度；Sev，重度；Total，灾害总概率；P1，前期（2016~2035 年）；P2，中期（2046~2065 年）；P3，后期（2081~2100 年）。盒型图从上往下黑线分别表示发生概率的 95%、75%、50%、25% 和 5% 分位数；黑色圆点表示平均值。

面积分别约占主产区总面积的 52.0%、25.0% 和 22.0%（图 8）。在不同气候情景下未来冬小麦抽穗－灌浆期涝渍发生面积是轻度涝渍＞中度涝渍＞重度涝渍，且各等级涝渍发生面积在 21 世纪前、中、后期均是在 RCP4.5 情景下最大。与参考时期 P0 相比，在 RCP4.5 情景下抽穗－灌浆期轻度和中度涝渍发生面积在 21 世纪前、中期呈小幅增加，在 RCP2.6 和 RCP8.5 情景下随时间推移小幅减小；未来重度涝渍在 RCP2.6、RCP4.5 和 RCP8.5 情景下随时间推移均呈减小趋势。

表 4 不同气候情景下冬小麦抽穗－灌浆期不同等级涝渍的发生面积

灾害等级	气候情景	发生面积（10^5ha）			
		P0	P1	P2	P3
轻度涝渍	RCP2.6	80.73	78.53	78.83	80.03
	RCP4.5		82.28	82.28	79.82
	RCP8.5		76.09	77.60	75.34
中度涝渍	RCP2.6	38.81	37.58	35.57	36.26
	RCP4.5		38.81	38.81	38.35
	RCP8.5		33.21	32.29	30.14
重度涝渍	RCP2.6	34.15	29.17	23.61	23.00
	RCP4.5		32.60	31.05	31.27
	RCP8.5		23.44	17.57	16.90

注：P0，参考时期（1986~2005 年）；P1，前期（2016~2035 年）；P2，中期（2046~2065 年）；P3，后期（2081~2100 年）。

（三）抽穗–灌浆期涝渍发生概率的空间分布

通过研究不同气候情景下南方麦区冬小麦抽穗－灌浆期涝渍发生概率的空间分布我们发现，在参考时期 P0，冬小麦抽穗－灌浆期涝渍在南方冬小麦主产区大部分区域的发生概率大于 50%，其中除云南中部、江苏和安徽北部区域外，其他区域涝渍发生概率均在 80% 以上。不同气候情景下未来冬小麦抽穗－灌浆期涝渍发生概率的空间分布与 P0 时期无显著差异，整体呈中部高、东南和东北低的分布格局。RCP2.6 和 RCP8.5 情景下未来冬小麦抽穗－灌浆期涝渍在主产区大部分区域发生概率大于 50%，随时间推移涝渍发生概率大于 70% 的范围减小；RCP4.5 情景下未来冬小麦抽穗－灌浆期涝渍在主产区大部分区域发生概率大于 50%，与 P0 时期相比，发生概率大于 80% 的范围随时间推移呈增加趋势，且向北移动。

通过研究不同气候情景下未来 21 世纪前、中、后期冬小麦抽穗－灌浆期轻度、中度和重度涝渍发生概率的空间分布我们发现，P0 时期和不同气候情景下未来冬小麦抽穗－灌浆期涝渍发生概率均以轻度最高，中度其次，重度最低。轻度、中度和重度涝渍发生概率的空间分布也呈中部高、西南和东北低的分布格局。其中不同气候情景下，未来轻度涝渍在主产区的中部区域

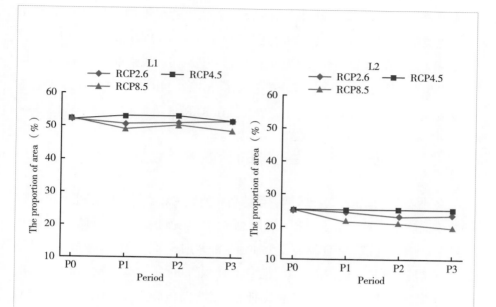

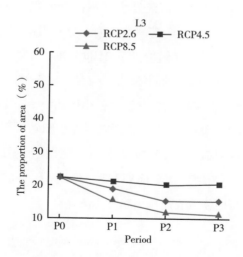

图 8 不同气候情景下冬小麦抽穗 - 灌浆期不同等级涝渍发生面积占主产区总面积的百分比

注：L1，轻度涝渍；L2，中度涝渍；L3，重度涝渍；P0，参考时期（1986~2005 年）；P1，前期（2016~2035 年）；P2，中期（2046~2065 年）；P3，后期（2081~2100 年）。

发生概率均大于 50%，在未来各时期无显著变化；未来中度涝渍在主产区中部发生概率为 20%~40%，该分布范围在 RCP2.6 和 RCP4.5 情景下随时间推移无显著变化，在 RCP8.5 情景下随时间推移显著减小；未来重度涝渍在主产区中部发生概率为 20%~40%，该分布范围在 RCP2.6、RCP4.5 和 RCP8.5 情景下 21 世纪前、中、后期呈显著减小趋势，且在 RCP8.5 情景下减小趋势最显著。

五　不同生育期的涝渍危险性比较

冬小麦在冬前苗期、拔节期、孕穗期和抽穗－灌浆期均易受到涝渍灾害，根据不同气候情景下冬小麦各生育期总涝渍发生面积（表 5）可知，在参考时期 P0，各生育期发生涝渍面积为抽穗－灌浆期＞冬前苗期＞拔节期＞孕穗期，其涝渍发生面积约占南方冬小麦区总面积的 99%、60%、16% 和 12%（图 9）。不同气候情景下，抽穗－灌浆期涝渍发生面积最大，占种植区总面积的 80%~99%；其次是冬前苗期，涝渍发生面积占总面积的 42%~52%；最小是拔节期和孕穗期，这两个生育期涝渍发生面积分别占南方冬小麦区总面积的 12%~20% 和 6%~13%。不同气候情景下 21 世纪前、中、后期，四个生育期涝渍发生面积均是在 RCP4.5 情景下最大。与参考时期 P0 相比，RCP4.5 情景下冬小麦苗期和抽穗－灌浆期涝渍发生面积小幅减小，在 21 世纪前、中、后期呈波动变化，RCP2.6 和 RCP8.5 情景下发生面积则随时间推移呈减小趋势，且 RCP8.5 情景下减小幅度最大；拔节期和孕穗期涝渍发生面积在 RCP4.5 情景下 21 世纪中期小幅增加，在前期和后期均小于 P0 时期，在 RCP2.6 和 RCP8.5 情景下随时间推移呈线性减小趋势（图 9）。

表 5　不同气候情景下冬小麦不同生育期总涝渍发生面积

生育期	气候情景	发生面积（10^5ha）			
		P0	P1	P2	P3
苗期	RCP2.6		80.45	78.04	76.94
	RCP4.5	92.53	80.32	79.30	83.24
	RCP8.5		80.16	78.99	65.82

续表

灾害等级	气候情景	发生面积（10⁵ha）			
		P0	P1	P2	P3
拔节期	RCP2.6	24.95	21.99	22.23	18.57
	RCP4.5		25.85	29.34	23.73
	RCP8.5		24.10	21.59	19.08
孕穗期	RCP2.6	18.94	15.52	12.67	11.22
	RCP4.5		15.61	19.48	15.57
	RCP8.5		14.80	14.24	9.99
抽穗－灌浆期	RCP2.6	153.69	145.27	138.01	139.29
	RCP4.5		153.69	152.14	149.44
	RCP8.5		132.74	127.46	122.38

注：P0，参考时期（1986~2005 年）；P1，前期（2016~2035 年）；P2，中期（2046~2065 年）；P3，后期（2081~2100 年）。

冬小麦在拔节期和孕穗期涝渍发生概率平均在 13% 左右，最大发生概率小于 30%；苗期和抽穗－灌浆期涝渍发生概率平均分别在 45% 和 70% 左右，最大发生概率均可达 80% 以上，主要集中在南方冬小麦区的中部。冬小麦苗期和抽穗－灌浆期涝渍发生概率 50% 以上的区域在种植区总面积中占有很大比重，因此本研究进一步评估了未来气候情景下冬小麦苗期和抽穗－灌浆期涝渍发生概率大于 50% 的分布面积（图 10）。结果显示，在 RCP2.6 和 RCP8.5 情景下，冬小麦苗期涝渍在未来前期、中期和后期发生概率大于 50% 的面积呈减小趋势，在 RCP4.5 情景下则呈波动变化，发生面积平均约占主产区总面积的 45%，小于参考时期（P0）的涝渍发生面积。冬小麦在抽穗－灌浆期涝渍发生概率大于 50% 的面积在 RCP2.6、RCP4.5 和 RCP8.5 气候情景下 21 世纪前期、中期和后期呈波动变化，与参考时期（P0）无显著性差异，平均占主产区总面积的 80% 以上。

农业应对气候变化蓝皮书

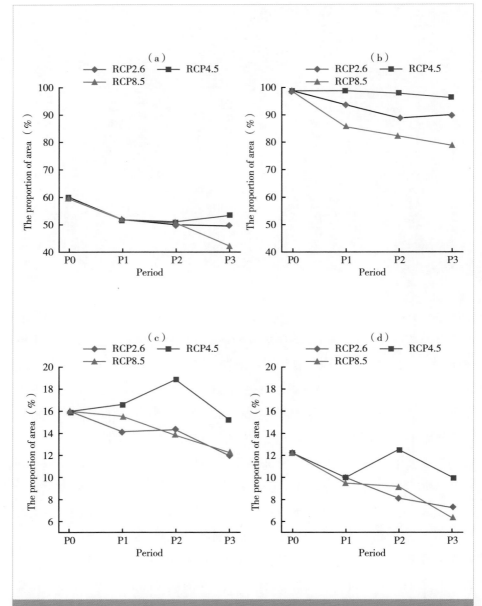

图9 不同气候情景下冬小麦（a）冬前苗期、（b）抽穗－灌浆期、（c）拔节期、
（d）孕穗期总涝渍发生面积占主产区总面积的百分比

注：P0，参考时期（1986~2005年）；P1，前期（2016~2035年）；P2，中期（2046~2065年）；
P3，后期（2081~2100年）；（a）轻度；（b）中度；（c）重度；（d）总涝渍。

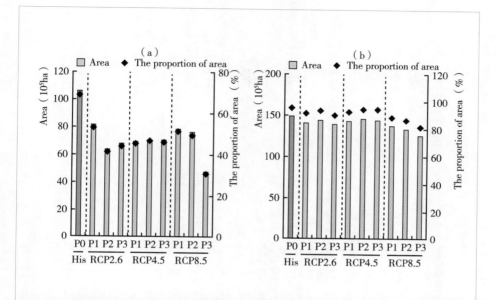

图10　不同气候情景下冬小麦（a）冬前苗期，（b）抽穗－灌浆期总涝渍发生概率大于50%的面积和占主产区总面积的百分比

注：P0，参考时期（1986~2005年）；P1，前期（2016~2035年）；P2，中期（2046~2065年）；P3，后期（2081~2100年）。

B.12
春玉米生产的干旱危险性

一 播种－出苗期干旱

（一）干旱发生频率及其变化趋势

北方春玉米在播种－出苗期易受干旱影响，导致产量明显下降。不同气候情景下北方春玉米播种－出苗期干旱发生概率（图1），在参考时期（1986~2005年），呈轻旱＞中旱＞重旱＞特旱趋势，但各干旱等级平均发生概率均较小，分别为2.8%、1.2%、0.8%和0.7%。不同情景下春玉米播种－出苗期不同等级干旱发生概率与参考时期一致，但平均发生概率大于参考时期。同一干旱等级在不同情景下21世纪前、中、后期的发生概率呈波动变化，但变化幅度较小。相比参考时期（5.2%），不同情景下春玉米总干旱发生概率呈显著增加趋势，但在不同情景和不同时期之间的变化不显著，分别为17%~20%（RCP2.6）、16%~19%（RCP4.5）和17%~18%（RCP8.5）。

（二）干旱发生面积及其变化趋势

不同气候情景下春玉米播种－出苗期不同干旱等级发生面积（表1），在参考时期P0，轻旱发生面积最大，平均约21.57×10^5ha，占主产区总面积的11%（图2）。不同情景下21世纪前、中、后期，轻旱发生面积占主产区面积的百分比呈先增加后减小趋势；轻旱在低排放情景（RCP2.6）下发生面积最大，仅在21世纪中期发生面积大于参考时期。中旱、重旱和特旱发生面积在21世纪前、中、后期变化较小，与发生概率变化趋势基本一致。

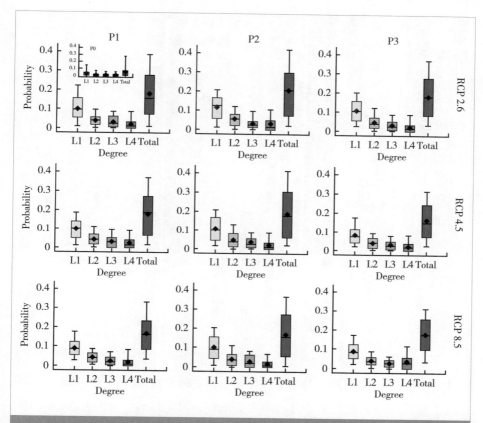

图1 不同气候情景下北方春玉米播种－出苗期干旱发生概率

注：左上角小图是P0，参考期Hist（1986~2005年）发生概率，L1，轻旱；L2，中旱；L3，重旱；L4，特旱；Total，干旱总概率；P1，前期（2016~2035年）；P2，中期（2046~2065年）；P3，后期（2081~2100年）。盒型图从上往下黑线分别表示发生概率的95%、75%、50%、25%和5%分位数；黑色菱形表示平均值。

表1 不同气候情景下春玉米播种－出苗期不同干旱等级发生面积

灾害等级	气候情景	不同时期发生面积（10⁵ha）			
		P0	P1	P2	P3
轻旱	RCP2.6	21.57	20.39	22.63	21.41
	RCP4.5		19.33	21.66	16.51
	RCP8.5		18.49	19.85	17.75

续表

灾害等级	气候情景	不同时期发生面积（10^5ha）			
		P0	P1	P2	P3
中旱	RCP2.6	9.51	7.86	10.51	9.38
	RCP4.5		9.04	10.08	8.19
	RCP8.5		8.85	8.45	8.03
重旱	RCP2.6	6.51	6.46	6.19	6.09
	RCP4.5		6.48	6.80	5.75
	RCP8.5		5.36	5.36	5.79
特旱	RCP2.6	5.35	4.31	5.83	4.26
	RCP4.5		5.30	4.62	4.74
	RCP8.5		4.21	4.05	7.36

注：P0，参考时期（1986~2005 年）；P1，前期（2016~2035 年）；P2，中期（2046~2065 年）；P3，后期（2081~2100 年）。

（三）干旱发生概率的空间分布

不同情景下春玉米播种 – 出苗期总干旱发生概率空间分布，与参考时期 P0 基本一致，呈中部高、两端低的分布格局。内蒙古南部和宁夏北部小部分区域干旱发生概率在未来各时期均大于 40%。河北北部、山西大部、陕西北部、宁夏大部、内蒙古东南部以及辽宁和吉林西北部区域在 P0 时期总干旱发生概率为 20%~40%，在未来 21 世纪各时期发生概率无显著变化。黑龙江、辽宁和吉林东部以及甘肃南部区域在 P0 时期总干旱发生概率较小，小于 5%，在 RCP8.5 情景下未来 21 世纪前期和后期显著增大，发生概率约为 5%~10%，而在 RCP2.6 和 RCP4.5 情景下无显著变化。

我们发现通过对不同情景下未来 21 世纪前、中、后期春玉米播种 – 出苗期轻旱、中旱、重旱和特旱发生概率空间分布进行研究，播种 – 出苗期干旱以轻旱和中旱发生居多，重旱其次，特旱最少，变化最显著的区域是主产区中部，包括河北北部、山西大部、陕西北部、宁夏大部、内蒙古东南部以及辽宁和吉林西北部。不同等级干旱发生概率的空间分布格局在未来随时间推移变化不显著。

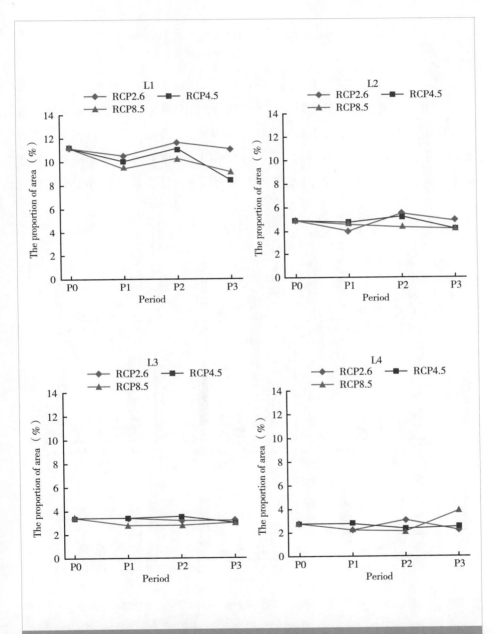

图 2 不同气候情景下春玉米播种－出苗期干旱发生面积占主产区总面积的百分比

注：L1，轻旱；L2，中旱；L3，重旱；L4，特旱；P0，参考时期（1986~2005 年）；P1，前期（2016~2035 年）；P2，中期（2046~2065 年）；P3，后期（2081~2100 年）。

二 出苗－拔节期干旱

（一）干旱发生频率及其变化趋势

北方春玉米出苗－拔节期干旱发生概率如图 3 所示。在参考时期 P0，春玉米出苗－拔节期干旱发生概率呈轻旱＞中旱＞重旱＞特旱，且各干旱等级平均发生概率均较小，分别为 3.1%、1.5%、1.2% 和 1.1%，总干旱平均发生概率为 6.2%。不同情景下 21 世纪各时期春玉米出苗－拔节期各干旱等级发

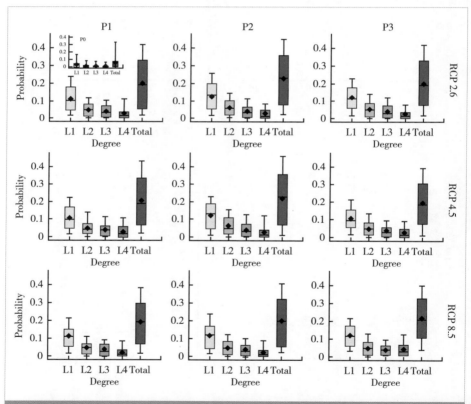

图 3 不同气候情景下春玉米出苗－拔节期干旱发生概率

注：左上角小图是 P0，参考期（1986~2005 年）发生概率，L1，轻旱；L2，中旱；L3，重旱；L4，特旱；Total，干旱总概率；P1，前期（2016~2035 年）；P2，中期（2046~2065 年）；P3，后期（2081~2100 年）。盒型图从上往下黑线分别表示发生概率的 95%、75%、50%、25% 和 5% 分位数；黑色圆点表示平均值。

生概率也呈轻旱 > 中旱 > 重旱 > 特旱，但发生概率均显著大于 P0 时期。不同情景下，春玉米出苗 – 拔节期总干旱平均发生概率分别为 21.1%、20.7% 和 20.3%，但干旱发生概率在 P1、P2 和 P3 时期之间变化不显著。

（二）干旱发生面积及其变化趋势

不同情景下春玉米出苗 – 拔节期干旱发生面积（表 2）表明，在参考时期 P0，轻旱发生面积最大，平均为 24.14×10^5ha，约占主产区总面积的 12%（图 4）。不同情景下未来春玉米出苗 – 拔节期干旱发生面积整体呈轻旱 > 中旱 > 重旱 > 特旱趋势，平均发生面积分别为 23.02×10^5ha、10.74×10^5ha、7.74×10^5ha 和 5.58×10^5ha（表 2），约占主产区总面积的 12%、5%、4% 和 3%（图 4）。不同情景下 21 世纪前、中、后期，轻旱和中旱发生面积呈先增加后减小趋势，且在低排放情景（RCP2.6）下发生面积较大。重旱和特旱发生面积在未来随时间推移变化较小，但在 RCP8.5 情景下 21 世纪后期特旱发生面积显著增加，比 P0 时期增加 1.78×10^5ha。

表 2　不同气候情景下春玉米出苗 – 拔节期不同干旱等级发生面积

灾害等级	气候情景	不同时期发生面积（10^5ha）			
		P0	P1	P2	P3
轻旱	RCP2.6	24.14	22.65	25.94	23.47
	RCP4.5		21.91	24.19	20.92
	RCP8.5		22.08	23.24	22.82
中旱	RCP2.6	11.72	10.23	12.31	10.89
	RCP4.5		10.12	12.67	10.26
	RCP8.5		9.83	10.60	9.78
重旱	RCP2.6	8.42	7.70	8.16	8.05
	RCP4.5		8.45	8.72	6.81
	RCP8.5		7.12	7.54	7.13
特旱	RCP2.6	5.88	5.27	5.25	4.46
	RCP4.5		6.48	6.04	5.62
	RCP8.5		4.72	4.73	7.66

注：P0，参考时期（1986~2005 年）；P1，前期（2016~2035 年）；P2，中期（2046~2065 年）；P3，后期（2081~2100 年）。

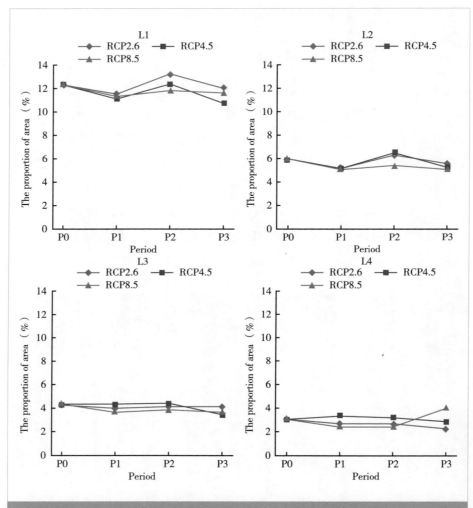

图4 不同气候情景下春玉米出苗－拔节期干旱发生面积占主产区总面积的百分比

注：L1，轻旱；L2，中旱；L3，重旱；L4，特旱；P0，参考时期（1986~2005 年）；P1，前期（2016~2035 年）；P2，中期（2046~2065 年）；P3，后期（2081~2100 年）。

（三）干旱发生概率的空间分布

我们通过研究不同情景下春玉米出苗－拔节期总干旱发生概率空间分布发现，不同情景下未来各时期，总干旱发生概率呈中部高、两端低的分布格局；干旱发生概率较高的中部区域包括内蒙古南部、河北、山西、陕西和宁夏北部，平均发生概率大于30%。不同情景下随时间推移，发生概率大于30%的区域小幅向东移动。在21世纪相同时期，随排放情景升高，干旱发生高概率区域呈减小趋势。

我们通过研究不同情景下未来春玉米出苗－拔节期轻旱、中旱、重旱和特旱发生概率的空间分布发现，未来春玉米出苗－拔节期干旱以轻旱发生居多，中旱其次，重旱和特旱最少。不同情景下随时间推移变化最显著的区域是主产区中部，包括河北北部、山西大部、陕西北部、宁夏大部、内蒙古东南部以及辽宁和吉林西北部，该区域轻旱和中旱发生概率大于10%，重旱和特旱发生概率则小于10%。不同情景下21世纪前、中和后期轻旱发生概率大于20%的区域呈先增加后减小趋势。

三　拔节－抽雄期干旱

（一）干旱发生频率及其变化趋势

北方春玉米在拔节－抽雄期干旱发生概率变化如图5所示。在参考时期P0，春玉米拔节－抽雄期干旱发生概率呈轻旱＞中旱＞特旱＞重旱，且各干旱等级平均发生概率均较小，分别为2.8%、1.3%、0.9%和0.7%，总干旱平均发生概率为5.2%。不同情景下21世纪各时期春玉米拔节－抽雄期各干旱等级发生概率也呈轻旱＞中旱＞特旱＞重旱趋势，但发生概率均显著大于P0时期。不同情景下，春玉米拔节－抽雄期总干旱平均发生概率分别为19.1%、17.1%和19.5%，且干旱发生概率在P1、P2和P3时期呈增加趋势。

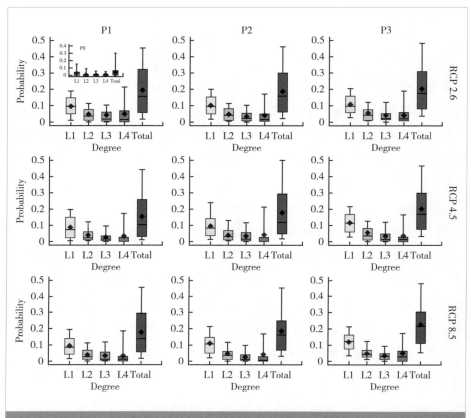

图5 不同气候情景下春玉米拔节–抽雄期干旱发生概率

注：左上角小图是P0，参考期Hist（1986~2005年）发生概率，L1，轻旱；L2，中旱；L3，重旱；L4，特旱；Total，干旱总概率；P1，前期（2016~2035年）；P2，中期（2046~2065年）；P3，后期（2081~2100年）。盒型图从上往下黑线分别表示发生概率的95%、75%、50%、25%和5%分位数；黑色圆点表示平均值。

（二）干旱发生面积及其变化趋势

不同情景下春玉米拔节–抽雄期干旱发生面积（表3）表明，在参考时期P0，轻旱发生面积最大，平均为19.13×10⁵ha，约占主产区总面积的10%（图6）。不同情景下未来春玉米拔节–抽雄期干旱平均发生面积呈轻旱＞中旱＞特旱＞重旱，平均发生面积分别为20.44×10⁵ha、8.74×10⁵ha、7.61×10⁵ha和6.05×10⁵ha，约占主产区总面积的10.4%、4.5%、3.9%

和 3.1%（图 6）。不同情景下 21 世纪前、中、后期，轻旱发生面积增加最显著。在四个干旱等级中，均是在 RCP8.5 情景下的 P3 时期发生面积最大。

表 3　不同气候情景下春玉米拔节 - 抽雄期不同干旱等级发生面积

灾害等级	气候情景	不同时期发生面积（10⁵ha）			
		P0	P1	P2	P3
轻旱	RCP2.6	19.13	19.65	19.69	21.13
	RCP4.5		16.92	19.06	22.65
	RCP8.5		19.10	21.27	24.51
中旱	RCP2.6	8.72	9.08	8.65	9.23
	RCP4.5		7.21	8.09	9.54
	RCP8.5		7.92	8.80	10.18
重旱	RCP2.6	5.74	6.58	6.38	6.85
	RCP4.5		4.62	5.79	5.61
	RCP8.5		6.54	5.17	6.94
特旱	RCP2.6	7.33	9.47	7.61	8.74
	RCP4.5		5.74	6.95	6.54
	RCP8.5		7.40	6.39	9.61

注：P0，参考时期（1986~2005 年）;P1，前期（2016~2035 年）;P2，中期（2046~2065 年）;P3，后期（2081~2100 年）。

（三）干旱发生概率的空间分布

我们通过研究不同情景下春玉米拔节 - 抽雄期总干旱发生概率空间分布发现，不同情景下未来各时期，总干旱发生概率呈西高东低的分布格局；干旱发生概率较高的区域为内蒙古南部、山西大部以及陕西和宁夏北部，平均发生概率大于 30%。不同情景下随时间推移，发生概率大于 30% 的区域无显著变化，而发生概率为 20%~30% 的区域呈增加趋势，且向东移动。

我们通过研究不同情景下未来春玉米拔节 - 抽雄期轻旱、中旱、重旱和特旱发生概率的空间分布发现，未来春玉米拔节 - 抽雄期干旱以轻旱发生居

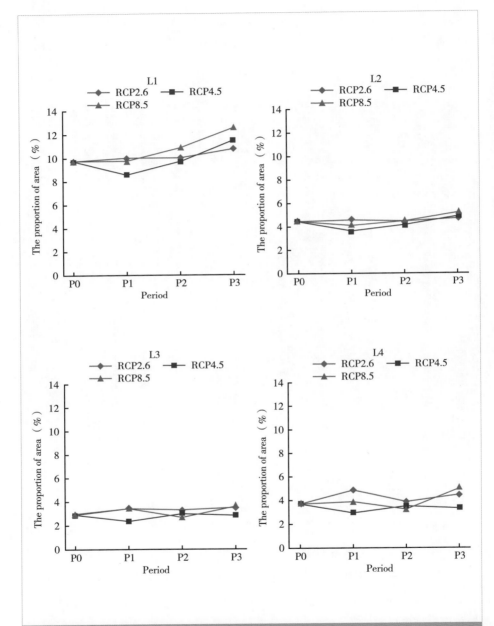

图6 不同气候情景下北方春玉米拔节-抽雄期干旱发生面积占主产区总面积的百分比

注：L1，轻旱；L2，中旱；L3，重旱；L4，特旱；P0，参考时期（1986~2005年）；P1，前期（2016~2035年）；P2，中期（2046~2065年）；P3，后期（2081~2100年）。

多，中旱其次，重旱和特旱最少。不同情景下随时间推移变化最显著的区域是主产区中部，包括河北北部、山西大部、陕西北部、宁夏大部、内蒙古东南部以及辽宁和吉林西北部，该区域轻旱发生概率为10%~30%，中旱、重旱和特旱发生概率在主产区大部分区域小于10%。不同情景下21世纪前、中和后期，轻旱发生概率为10%~30%的区域呈增加趋势，且在RCP8.5情景下P3时期分布面积最大。

四　抽雄－乳熟期干旱

（一）干旱发生频率及其变化趋势

北方春玉米在抽雄－乳熟期干旱发生概率变化如图7所示。在参考时期P0，春玉米抽雄－乳熟期干旱发生概率呈轻旱＞中旱＞特旱＞重旱，且各干旱等级平均发生概率均较小，分别为2.3%、1.6%、1.5%和1.1%，总干旱平均发生概率为5.9%。RCP4.5和RCP8.5情景下21世纪各时期春玉米抽雄－乳熟期各干旱等级平均发生概率也呈轻旱＞中旱＞特旱＞重旱，而RCP2.6情景下各干旱等级发生概率则呈轻旱＞特旱＞中旱＞重旱，但不同情景下未来春玉米抽雄－乳熟期干旱发生概率均显著大于P0时期。不同情景下，春玉米抽雄－乳熟期总干旱平均发生概率分别为22.6%、21.0%和24.3%，且干旱发生概率在21世纪P1和P2时期无显著差异，在P3时期显著增加。

（二）干旱发生面积及其变化趋势

不同情景下春玉米抽雄－乳熟期干旱发生面积（表4）表明，在参考时期P0，轻旱发生面积最大，平均为15.87×10^5ha，约占主产区总面积的8%（图8）。不同情景下未来春玉米抽雄－乳熟期干旱平均发生面积呈轻旱＞特旱＞中旱＞重旱，平均发生面积分别为17.17×10^5ha、12.94×10^5ha、12.83×10^5ha和9.34×10^5ha（表4），约占主产区总面积的8.8%、6.6%、6.5%和4.8%（图8）。不同情景下21世纪前、中、后期，轻旱、中旱、重旱和特旱发生面积

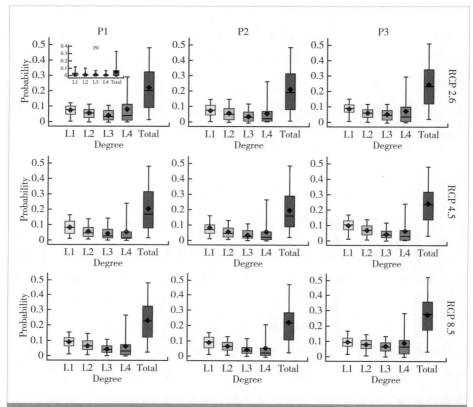

图 7 不同气候情景下春玉米抽雄 – 乳熟期干旱发生概率

注：左上角小图是参考期 P0（1986~2005 年）发生概率，L1，轻旱；L2，中旱；L3，重旱；L4，特旱；Total，干旱总概率；P1，前期（2016~2035 年）；P2，中期（2046~2065 年）；P3，后期（2081~2100 年）。盒型图从上往下黑线分别表示发生概率的 95%、75%、50%、25% 和 5% 分位数；黑色圆点表示平均值。

呈先减少后增加趋势，其中 RCP8.5 情景下干旱发生面积增加最显著（特旱除外）。轻旱在 RCP4.5 情景下 21 世纪后期发生面积最大，约占主产区总面积的 10.3%；中旱、重旱和特旱均是在 RCP8.5 情景下 21 世纪后期发生面积最大，分别占主产区总面积的 8.2%、6.6% 和 8.8%。

表4　不同气候情景下春玉米抽雄－乳熟期不同干旱等级发生面积

灾害等级	气候情景	不同时期发生面积（10⁵ha）			
		P0	P1	P2	P3
轻旱	RCP2.6	15.87	14.97	15.65	17.78
	RCP4.5		16.47	14.79	20.08
	RCP8.5		17.91	17.90	18.95
中旱	RCP2.6	12.1	11.19	11.96	12.70
	RCP4.5		11.26	11.21	13.91
	RCP8.5		13.86	13.23	16.12
重旱	RCP2.6	8.08	8.98	8.85	10.51
	RCP4.5		8.67	7.39	8.83
	RCP8.5		9.23	8.71	12.86
特旱	RCP2.6	12.44	16.25	12.30	15.78
	RCP4.5		9.96	10.90	11.68
	RCP8.5		12.48	9.97	17.18

注：P0，参考时期（1986~2005年）；P1，前期（2016~2035年）；P2，中期（2046~2065年）；P3，后期（2081~2100年）。

（三）干旱发生概率的空间分布

我们通过研究不同情景下春玉米抽雄－乳熟期总干旱发生概率空间分布发现，不同情景下未来各时期，总干旱发生概率呈西南高、东北低的分布格局；干旱发生概率较高的区域为内蒙古南部，山西全省，陕西、宁夏和河北北部，以及辽宁、吉林和黑龙江西部，平均发生概率大于20%，部分区域发生概率大于40%。不同情景下随时间推移，发生概率大于40%的区域小幅增加，而发生概率为20%~40%的区域呈增加趋势，尤其是在东北地区增加显著。

我们通过研究不同情景下未来春玉米抽雄－乳熟期轻旱、中旱、重旱和特旱发生概率的空间分布发现，未来春玉米抽雄－乳熟期干旱以轻旱发生居多，中旱和特旱其次，重旱最少。不同情景下随时间推移变化最显著的区域是主产区中部，包括河北北部、山西大部、陕西北部、宁夏大部、内蒙古东

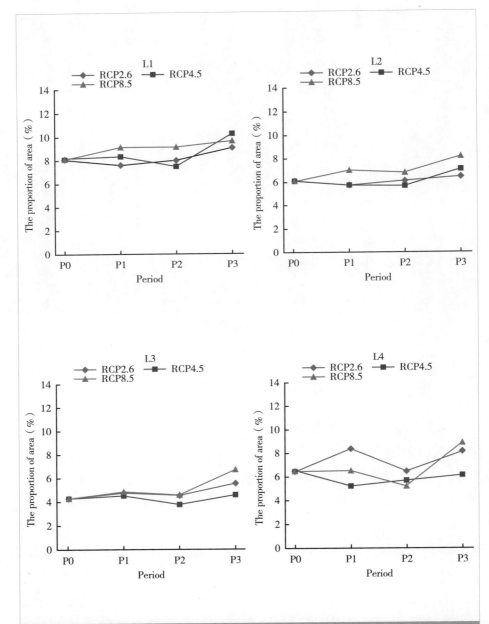

图 8 不同气候情景下春玉米抽雄－乳熟期干旱发生面积占主产区总面积的百分比

注：L1，轻旱；L2，中旱；L3，重旱；L4，特旱；P0，参考时期（1986~2005 年）；P1，前期（2016~2035 年）；P2，中期（2046~2065 年）；P3，后期（2081~2100 年）。

南部，该区域轻旱发生概率约为 10%~20%，且随时间推移该发生概率的区域呈增加趋势，向东部扩展，在 RCP4.5 和 RCP8.5 情景下 P3 时期分布面积最大；中旱、重旱和特旱发生概率在 10%~20% 的区域比轻旱减小，而在陕西、宁夏北部区域特旱平均发生概率大于 40%。

五 乳熟 - 成熟期干旱

（一）干旱发生频率及其变化趋势

北方春玉米在乳熟 - 成熟期干旱发生概率变化如图 9 所示。在参考时期 P0，春玉米乳熟 - 成熟期干旱发生概率呈轻旱＞中旱＞重旱＞特旱，且各干旱等级平均发生概率均较小，小于 1.0%，总干旱平均发生概率为 2.2%，最大发生概率为 5.0%。不同情景下 21 世纪各时期春玉米乳熟 - 成熟期各干旱等级平均发生概率也呈轻旱＞中旱＞重旱＞特旱，但不同情景下未来春玉米乳熟 - 成熟期干旱发生概率均显著大于 P0 时期。不同情景下，春玉米乳熟 - 成熟期总干旱平均发生概率分别为 7.2%、9.2% 和 11.3%，最大发生概率均大于 30%；且干旱发生概率在 21 世纪前、中、后期呈先微弱降低后增加的趋势。

（二）干旱发生面积及其变化趋势

不同情景下春玉米乳熟 - 成熟期干旱发生面积（表 5）表明，在参考时期 P0，轻旱发生面积最大，平均为 7.50×10^5ha，约占主产区总面积的 3.8%（图 10）。不同情景下未来春玉米乳熟 - 成熟期干旱平均发生面积呈轻旱＞中旱＞重旱＞特旱，平均发生面积分别约为 8.97×10^5ha、5.82×10^5ha、3.20×10^5ha 和 2.06×10^5ha（表 5），约占主产区总面积的 4.6%、3.0%、1.6% 和 1.0%（图 10）。不同情景下 21 世纪前、中、后期，轻旱、中旱、重旱和特旱发生面积呈先减少后增加趋势，其中 RCP8.5 情景下干旱发生面积增加最显著，且各干旱等级均是在 RCP8.5 情景下发生面积最大（特旱除外）。

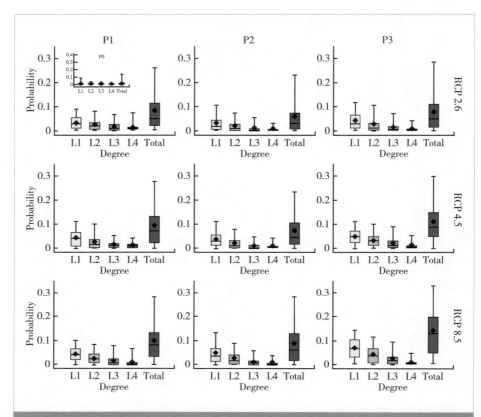

图 9　不同气候情景下春玉米乳熟－成熟期干旱发生概率

注：左上角小图是 P0，参考期（1986~2005 年）发生概率，L1，轻旱；L2，中旱；L3，重旱；L4，特旱；Total，干旱总概率；P1，前期（2016~2035 年）；P2，中期（2046~2065 年）；P3，后期（2081~2100 年）。盒型图从上往下黑线分别表示发生概率的 95%、75%、50%、25% 和 5% 分位数；黑色圆点表示平均值。

表 5　不同气候情景下春玉米乳熟－成熟期不同干旱等级发生面积

灾害等级	气候情景	不同时期发生面积（10^5ha）			
		P0	P1	P2	P3
轻旱	RCP2.6		6.63	6.10	8.00
	RCP4.5	7.5	8.71	7.81	9.92
	RCP8.5		9.60	9.71	14.23
中旱	RCP2.6		4.88	3.84	4.77
	RCP4.5	4.48	5.52	4.34	7.45
	RCP8.5		6.49	5.99	9.12

续表

灾害等级	气候情景	不同时期发生面积（10⁵ha）			
		P0	P1	P2	P3
重旱	RCP2.6	2.38	3.24	1.63	2.60
	RCP4.5		3.27	1.95	4.40
	RCP8.5		3.55	2.75	5.41
特旱	RCP2.6	1.49	2.49	0.95	1.69
	RCP4.5		2.53	1.44	2.67
	RCP8.5		2.56	1.69	2.49

注：P0，参考时期（1986~2005 年）；P1，前期（2016~2035 年）；P2，中期（2046~2065 年）；P3，后期（2081~2100 年）。

（三）干旱发生概率的空间分布

我们通过研究不同情景下春玉米乳熟－成熟期总干旱发生概率空间分布发现，P0 时期，总干旱发生概率呈中部高、两端低的分布格局；干旱发生概率较高的区域为山西、陕西、宁夏和河北北部，平均发生概率大于 10%，其中宁夏北部小部分区域发生概率大于 40%。不同气候情景下未来各时期，总干旱平均发生概率大于 10% 的区域显著大于 P0 时期；随排放情景增大，总干旱平均发生概率大于 10% 的区域在 21 世纪前、中、后期呈增加趋势，且向东移动，在 RCP8.5 情景下 21 世纪后期发生面积最大。

我们通过研究不同情景下未来春玉米乳熟－成熟期轻旱、中旱、重旱和特旱发生概率的空间分布发现，未来春玉米乳熟－成熟期干旱以轻旱为主，中旱其次，重旱和特旱最少。不同情景下随时间推移变化最显著的区域是主产区中部，包括河北、山西、陕西和宁夏北部，该区域轻旱发生概率约为 5%~20%，且随时间推移该发生概率的区域呈增加趋势，向东部扩展，在 RCP8.5 情景下 P3 时期分布面积最大；中旱、重旱和特旱发生概率在 5%~20% 的区域比轻旱小，且重旱和特旱在主产区大部分区域发生概率小于 5%。

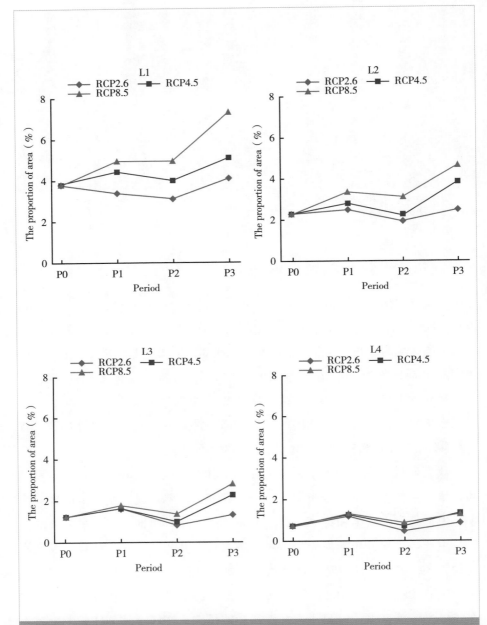

图 10　不同气候情景下春玉米乳熟－成熟期干旱发生面积占主产区总面积的百分比

注：L1，轻旱；L2，中旱；L3，重旱；L4，特旱；P0，参考时期（1986~2005 年）；P1，前期（2016~2035 年）；P2，中期（2046~2065 年）；P3，后期（2081~2100 年）。

六 不同生育期的干旱危险性比较

不同情景下春玉米各生育期总干旱发生面积（表6）表明，在参考时期P0，各生育期发生干旱面积呈出苗－拔节期≈抽雄－乳熟期＞播种－出苗期＞拔节－抽雄期＞乳熟－成熟期，其干旱发生面积约占种植区总面积的25.6%、24.8%、21.9%、20.9%和8.1%（图11）。不同情景下，抽雄－乳熟期总干旱发生面积平均值最大，占种植区总面积的24%~33%；乳熟－成熟期最小，占种植区总面积的6%~16%；其他生育期干旱发生面积无显著差异，约占种植区总面积的15%~35%。与参考时期P0相比，不同情景下21世纪前、中、后期春玉米播种－出苗期和出苗－拔节期的干旱发生面积呈波动变化，无显著差异；拔节－抽雄期和抽雄－乳熟期干旱发生面积在RCP4.5情景下21世纪前期、中期略小于P0时期，在后期显著增大，在RCP2.6和RCP8.5情景下21世纪前、中、后期均显著大于P0时期；乳熟－成熟期干旱发生面积在RCP8.5情景下显著大于P0时期，且随时间推移呈增加趋势（图11）。

表6 不同气候情景下春玉米不同生育期总干旱发生面积

生育期	气候情景	发生面积（10^5ha）			
		P0	P1	P2	P3
播种－出苗期	RCP2.6		39.02	45.16	41.14
	RCP4.5	42.94	40.15	43.16	35.20
	RCP8.5		36.91	37.71	38.93
出苗－拔节期	RCP2.6		45.85	51.65	46.87
	RCP4.5	50.15	46.96	51.61	43.62
	RCP8.5		43.75	46.11	47.40
拔节－抽雄期	RCP2.6		44.79	42.33	45.95
	RCP4.5	40.93	34.49	39.90	44.33
	RCP8.5		40.97	41.63	51.23

续表

生育期	气候情景	发生面积（10⁵ha）			
		P0	P1	P2	P3
抽雄－乳熟期	RCP2.6	48.50	51.39	48.75	56.78
	RCP4.5		46.36	44.29	54.51
	RCP8.5		53.49	49.81	65.10
乳熟－成熟期	RCP2.6	15.86	17.24	12.52	17.05
	RCP4.5		20.02	15.54	24.44
	RCP8.5		22.20	20.13	31.25

注：P0，参考时期（1986~2005 年）；P1，前期（2016~2035 年）；P2，中期（2046~2065 年）；P3，后期（2081~2100 年）。

　　春玉米在各生育期干旱发生概率可高达 50% 以上，但是发生概率大于 50% 的区域较小，主要集中在宁夏、陕西北部和内蒙古南部小部分区域。春玉米各生育期发生概率 30% 以上的区域在种植区总面积中占很大比重。不同情景下春玉米各生育期总干旱发生概率大于 30% 的面积占主产区总面积的百分比（图 12）表明，与参考时期 P0 相比，不同情景下未来春玉米各生育期干旱发生概率大于 30% 的区域均显著增大，其中增加最显著的是出苗－拔节期，未来各时期干旱发生概率大于 30% 的区域均占种植区总面积的 25% 以上（图 12b）；其次是拔节－抽雄期和抽雄－乳熟期，未来春玉米在这两个生育期发生干旱大于 30% 概率的区域至均约占种植区总面积的 20%~30%，尤其抽雄－乳熟期在 RCP8.5 情景下 21 世纪后期干旱发生概率大于 30% 的区域高达种植区总面积的 40% 以上（图 12c、图 12d）；春玉米播种－出苗期干旱发生概率大于 30% 的面积在未来前、中、后期呈先增加后减小趋势，但均大于 P0 时期（图 12d）；未来乳熟－成熟期干旱发生概率大于 30% 的面积较小，约占种植区总面积的 3%~8%（图 12e）。

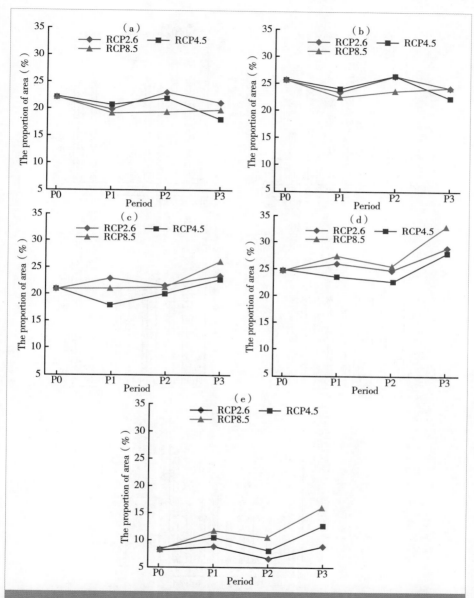

图 11　不同气候情景下春玉米（a）播种－出苗期、（b）出苗－拔节期、（c）拔节－
　　　抽雄期、（d）抽雄－乳熟期、（e）乳熟－成熟期总干旱发生面积占主产区总
　　　面积的百分比

注：P0，参考时期（1986~2005 年）；P1，前期（2016~2035 年）；P2，中期（2046~2065 年）；
P3，后期（2081~2100 年）。

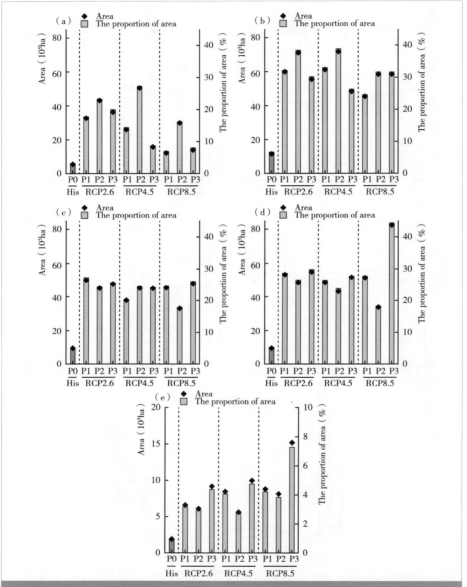

图 12　不同气候情景下北方春玉米（a）播种－出苗期、（b）出苗－拔节期、（c）拔节－抽雄期、（d）抽雄－乳熟期、（e）乳熟－成熟期总干旱发生概率大于 30% 的面积和占主产区总面积的百分比

注：P0，参考时期（1986~2005 年）；P1，前期（2016~2035 年）；P2，中期（2046~2065 年）；P3，后期（2081~2100 年）。

B.13
夏玉米生产的干旱危险性

一 播种－出苗期干旱

（一）干旱发生频率及其变化趋势

不同情景下北方夏玉米播种－出苗期干旱发生概率变化如图 1 所示。在参考时期 P0（1986~2005 年），夏玉米播种－出苗期干旱发生概率呈轻旱 > 中旱 > 重旱 ≈ 特旱，但各干旱等级平均发生概率均较小，分别为 5.7%、2.7%、1.9% 和 2.0%。不同情景下 21 世纪夏玉米播种－出苗期不同等级干旱发生概率变化趋势与参考时期一致，但平均发生概率大于参考时期。同一干旱等级发生概率在不同情景下 21 世纪前、中、后期呈波动变化，但变化幅度较小。相比参考时期（5.7%），总干旱发生概率在未来呈显著增加趋势，但在不同情景和不同时期之间的变化不显著，分别为 17%~19%（RCP2.6）、15%~20%（RCP4.5）和 15%~17%（RCP8.5）。

（二）干旱发生面积及其变化趋势

不同情景下夏玉米播种－出苗期干旱发生面积（表 1），在参考时期 P0，各干旱等级发生的面积呈特旱 > 轻旱 > 中旱 > 重旱，分别占主产区总面积的 14%、7%、4% 和 3%（图 2）。不同情景下 21 世纪前、中、后期，各干旱等级发生的面积仍然呈特旱 > 轻旱 > 中旱 > 重旱除 RCP48.5 情景下 P2 和 P3 时期，其中轻旱发生面积呈小幅增加趋势；中旱和重旱发生面积与 P0 时期相比无显著变化，随时间推移呈波动变化；特旱发生面积随时间推移呈波动变化，且略小于 P0 时期。

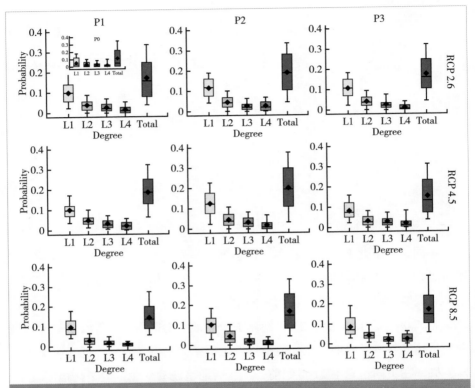

图 1 不同气候情景下夏玉米播种 - 出苗期干旱发生概率

注：左上角小图是P0，参考期（1986~2005 年）发生概率；L1，轻旱；L2，中旱；L3，重旱；L4，特旱；Total，干旱总概率；P1，前期（2016~2035 年）；P2，中期（2046~2065 年）；P3，后期（2081~2100 年）。盒型图从上往下黑线分别表示发生概率的 95%、75%、50%、25% 和 5% 分位数；黑色菱形表示平均值。

表 1 不同气候情景下夏玉米播种 - 出苗期不同干旱等级发生面积

灾害等级	气候情景	不同时期发生面积（10^5ha）			
		P0	P1	P2	P3
轻旱	RCP2.6	6.44	7.24	7.55	7.52
	RCP4.5		7.16	7.55	7.22
	RCP8.5		7.22	6.75	7.43
中旱	RCP2.6	3.66	3.22	3.36	3.06
	RCP4.5		3.22	3.4	2.81
	RCP8.5		3.55	2.62	3.03
重旱	RCP2.6	3.04	2.88	3.17	2.78
	RCP4.5		2.66	3.03	2.61
	RCP8.5		3.14	2.7	2.54

灾害等级	气候情景	不同时期发生面积（10⁵ha）			
		P0	P1	P2	P3
特旱	RCP2.6	13.07	11.73	10.9	10.88
	RCP4.5		10.41	12.36	10.73
	RCP8.5		10.45	10.25	11.72

注：P0，参考时期（1986~2005 年）；P1，前期（2016~2035 年）；P2，中期（2046~2065 年）；P3，后期（2081~2100 年）。

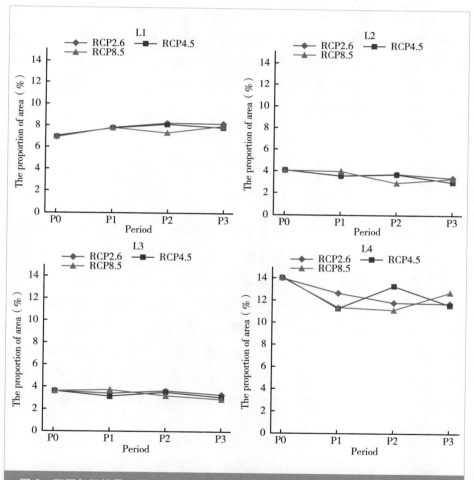

图 2　不同气候情景下夏玉米播种 – 出苗期干旱发生面积占主产区总面积的百分比

注：L1，轻旱；L2，中旱；L3，重旱；L4，特旱；P0，参考时期（1986~2005 年）；P1，前期（2016~2035 年）；P2，中期（2046~2065 年）；P3，后期（2081~2100 年）。

（三）干旱发生概率的空间分布

我们通过研究不同情景下夏玉米播种－出苗期总干旱发生概率空间分布发现，其与参考时期 P0 无显著性差异，呈北部高、西南低的分布格局。其中，P0 时期，干旱发生概率大于 40% 区域主要为河北南部、山西东部和山东西部，不同情景下未来该发生区域小幅减小。

我们通过研究不同情景下未来 21 世纪前、中、后期夏玉米播种－出苗期轻旱、中旱、重旱和特旱发生概率空间分布发现，未来夏玉米播种－出苗期干旱以特旱发生居多，轻旱其次，中旱和重旱最少，变化最显著的区域是主产区北部，包括河北南部和山东西北部。不同等级干旱发生概率的空间分布格局在未来随时间推移变化不显著。

二 出苗－拔节期干旱

（一）干旱发生频率及其变化趋势

北方夏玉米在出苗－拔节期干旱发生概率变化如图 3 所示。在参考时期 P0，夏玉米出苗－拔节期干旱发生概率呈轻旱＞中旱＞重旱＞特旱，且各干旱等级平均发生概率均较小，分别为 7.2%、3.6%、2.8% 和 2.5%，总干旱平均发生概率为 14.1%。不同情景下 21 世纪各时期夏玉米出苗－拔节期各干旱等级区域平均发生概率也呈轻旱＞中旱＞重旱＞特旱，但发生概率均显著大于 P0 时期。不同情景下，夏玉米出苗－拔节期总干旱平均发生概率分别为 20.8%、21.1% 和 19.4%。对于同一干旱等级，RCP2.6 和 RCP4.5 情景下 P1、P2 和 P3 时期，干旱发生概率呈先增加后减小趋势，在 RCP8.5 情景下呈增加趋势，但变幅较小。

（二）干旱发生面积及其变化趋势

不同情景下夏玉米出苗－拔节期干旱发生面积（表 2）表明，在参考时期 P0，特旱发生面积最大，约为 12.64×10^5ha，占主产区总面积的 14%（图 4）。

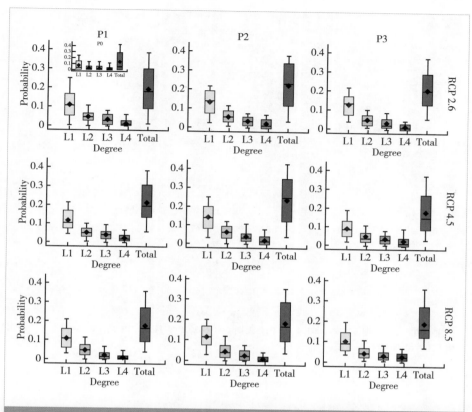

图 3　不同气候情景下夏玉米出苗－拔节期干旱发生概率

注：左上角小图是 P0，参考期（1986~2005 年）发生概率，L1，轻旱；L2，中旱；L3，重旱；L4，特旱；Total，干旱总概率；P1，前期（2016~2035 年）；P2，中期（2046~2065 年）；P3，后期（2081~2100 年）。盒型图从上往下黑线分别表示发生概率的 95%、75%、50%、25% 和 5% 分位数；黑色菱形表示平均值。

不同情景下未来夏玉米出苗－拔节期干旱发生面积呈特旱＞轻旱＞中旱≈重旱，发生面积平均分别约为 11.60×10^5ha、7.15×10^5ha、3.03×10^5ha 和 2.89×10^5ha（表 2），约占主产区总面积的 14%、8%、3% 和 3%（图 4）。不同情景下 21 世纪前、中、后期，轻旱、中旱和重旱发生面积与 P0 时期无显著差异，随时间推移变化也较小；RCP4.5 和 RCP8.5 情景下，特旱发生面积小于 P0 时期。

灾害等级	气候情景	不同时期发生面积（10^5ha）			
		P0	P1	P2	P3
轻旱	RCP2.6	7.26	7.57	7.63	7.13
	RCP4.5		7.18	7.33	6.78
	RCP8.5		7.27	6.63	6.86
中旱	RCP2.6	2.9	3.13	2.92	3.23
	RCP4.5		2.85	3.23	3.14
	RCP8.5		2.83	2.75	3.17
重旱	RCP2.6	3.01	3.18	3.44	2.66
	RCP4.5		2.67	2.83	2.86
	RCP8.5		2.90	2.58	2.85
特旱	RCP2.6	12.64	13.02	12.70	11.91
	RCP4.5		9.40	12.43	11.37
	RCP8.5		11.83	9.89	11.88

表2　不同气候情景下夏玉米出苗－拔节期不同干旱等级发生面积

注：P0，参考时期（1986~2005年）；P1，前期（2016~2035年）；P2，中期（2046~2065年）；P3，后期（2081~2100年）。

（三）干旱发生概率的空间分布

我们通过研究不同情景下夏玉米出苗－拔节期总干旱发生概率空间分布可以发现，不同情景下未来各时期，总干旱发生概率呈北高、西南低的分布格局；干旱发生概率较高的北部区域包括河北南部、山西东部和山东西部，平均发生概率大于30%，且其中部分区域发生概率大于40%。在RCPs气候情景下随时间推移，夏玉米出苗－拔节期总干旱发生概率空间分布无显著差异。

我们通过研究不同情景下未来21世纪前、中、后期夏玉米出苗－拔节期轻旱、中旱、重旱和特旱发生概率空间部分可以发现，未来夏玉米出苗－拔节期干旱以特旱发生居多，主产区北部区域重旱发生概率大于20%；轻旱其次，主产区北部小部分区域中旱发生概率为10%~20%；中旱和重旱最少，最

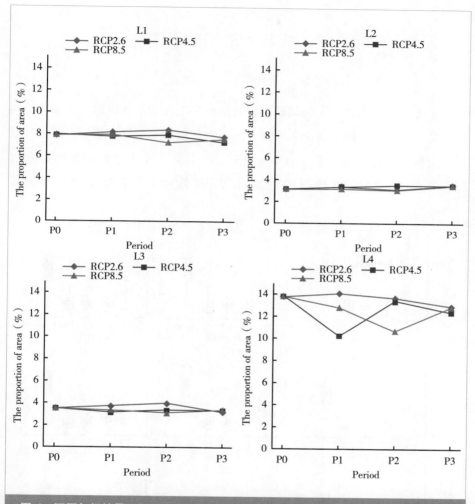

图4 不同气候情景下夏玉米出苗－拔节期干旱发生面积占主产区总面积的百分比

注：L1，轻旱；L2，中旱；L3，重旱；L4，特旱；P0，参考时期（1986~2005年）；P1，前期（2016~2035年）；P2，中期（2046~2065年）；P3，后期（2081~2100年）。

大发生概率小于10%。空间分布中变化最显著的区域是主产区北部，包括河北南部和山东西部，在不同情景下21世纪前、中、后期，该区域特旱和轻旱发生范围呈增加趋势，在RCP4.5和RCP8.5情景下未来各时期变化不显著；中旱和重旱在不同情景下未来各时期也无显著变化。

三　拔节－抽雄期干旱

（一）干旱发生频率及其变化趋势

北方夏玉米在拔节－抽雄期干旱发生概率变化如图5所示。在参考时期P0，夏玉米拔节－抽雄期干旱平均发生概率呈轻旱＞中旱＞重旱＞特旱，最大发生概率呈轻旱＞特旱＞中旱＞重旱，各干旱等级平均发生概率均较小，分别为6.5%、3.6%、3.1%和2.7%，总干旱平均发生概率为13.8%。不同情

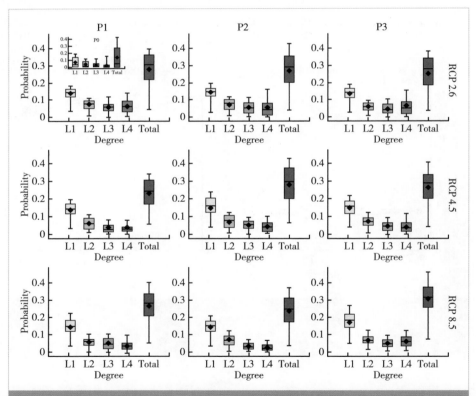

图5　不同气候情景下夏玉米拔节－抽雄期干旱发生概率

注：左上角小图是P0，参考期Hist（1986~2005年）发生概率，L1，轻旱；L2，中旱；L3，重旱；L4，特旱；Total，干旱总概率；P1，前期（2016~2035年）；P2，中期（2046~2065年）；P3，后期（2081~2100年）。盒型图从上往下黑线分别表示发生概率的95%、75%、50%、25%和5%分位数；黑色圆点表示平均值。

景下 21 世纪各时期夏玉米拔节 – 抽雄期各干旱等级发生概率呈轻旱 > 中旱 > 重旱 ≈ 特旱，但发生概率均显著大于 P0 时期。不同情景下，夏玉米拔节 – 抽雄期总干旱平均发生概率分别为 26.7%、25.9% 和 26.7%，且干旱发生概率在 P1、P2 和 P3 时期无显著差异。

（二）干旱发生面积及其变化趋势

不同情景下夏玉米拔节 – 抽雄期干旱发生面积（表 3）表明，在参考时期 P0，各干旱等级发生面积为呈特旱 > 轻旱 > 中旱 ≈ 重旱，分别约占主产区总面积的 13.6%、7.1%、3.2% 和 3.1%（图 6）。不同情景下未来夏玉米拔节 – 抽雄期干旱平均发生面积表现为：特旱 > 轻旱 > 中旱 > 重旱，平均发生面积分别约为 13.22×10^5 ha、7.73×10^5 ha、3.51×10^5 ha 和 3.22×10^5 ha，约占主产区总面积的 14.3%、8.4%、3.8% 和 3.5%。与 P0 时期相比，不同情景下 21 世纪前、中、后期，轻旱、中旱和重旱发生面积有小幅波动增加，但差异不显著；特旱发生面积在未来波动较大，主要在 RCP2.6 情景下发生面积增加显著，在 RCP4.5 情景下 21 世纪前、中期发生面积略有减小，后期增大。轻旱、中旱、重旱均是在 RCP8.5 情景下的 P1 时期发生面积最大。

表 3 不同气候情景下夏玉米拔节 – 抽雄期不同干旱等级发生面积

灾害等级	气候情景	不同时期发生面积（10^5ha）			
		P0	P1	P2	P3
轻旱	RCP2.6	6.57	7.69	8.17	7.28
	RCP4.5		7.69	7.73	7.61
	RCP8.5		8.83	7.47	7.12
中旱	RCP2.6	2.92	3.83	3.91	3.54
	RCP4.5		3.89	3.45	3.15
	RCP8.5		3.94	2.96	2.90

续表

灾害等级	气候情景	不同时期发生面积（10⁵ha）			
		P0	P1	P2	P3
重旱	RCP2.6	2.91	3.50	3.28	2.82
	RCP4.5		2.93	3.17	3.46
	RCP8.5		3.79	2.97	3.08
特旱	RCP2.6	12.57	18.78	13.73	15.78
	RCP4.5		9.52	11.26	12.63
	RCP8.5		12.83	8.92	15.52

注：P0，参考时期（1986~2005年）；P1，前期（2016~2035年）；P2，中期（2046~2065年）；P3，后期（2081~2100年）。

（三）干旱发生概率的空间分布

我们通过研究不同情景下夏玉米拔节－抽雄期总干旱发生概率空间分布发现，P0时期和不同情景下未来各时段，总干旱发生概率呈西北高、西南低的分布格局。P0时期，在主产区西北部和中部，包括山东大部、河北、安徽、山西南部和江苏北部，总干旱发生概率大于20%，其中在河北西南部、山西南部、安徽北部和山东西北部总干旱发生概率大于30%。与P0时期相比，RCP2.6情景下未来前、中、后期，总干旱发生概率呈增加趋势，且干旱高概率发生区域向东移动，在21世纪前期发生概率大于30%的区域增加显著，除山东东北部和陕西西南部，主产区干旱发生概率均大于30%；RCP4.5情景下未来前、中、后期，干旱发生概率的空间分布无显著变化；RCP8.5情景下未来前、中、后期，干旱发生概率20%~30%的分布范围无显著变化，但发生概率大于30%的区域显著扩大（除P2时期）且向东移动，尤其在21世纪后期山东中西部、河北南部和山西南部区域干旱发生概率大于40%。

我们通过研究不同情景下未来夏玉米拔节－抽雄期轻旱、中旱、重旱和

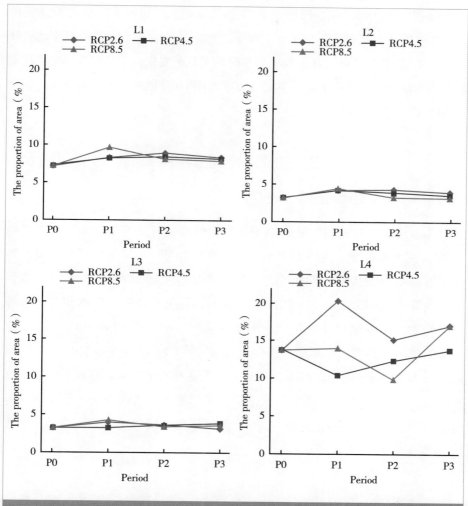

图6 不同气候情景下夏玉米拔节－抽雄期干旱发生面积占主产区总面积的百分比

注：L1，轻旱；L2，中旱；L3，重旱；L4，特旱；P0，参考时期（1986~2005年）；P1，前期（2016~2035年）；P2，中期（2046~2065年）；P3，后期（2081~2100年）。

特旱发生概率的空间分布发现，未来夏玉米拔节－抽雄期干旱以特旱发生居多，轻旱其次，重旱和中旱最少。与 P0 时期相比，特旱发生概率大于 20% 的区域在 RCP2.6 情景下 21 世纪前期最大，包括河北、山东、山西南部、河南北部和安徽北部，在不同情景下21世纪后期，重旱发生概率大于20%的区域向主产区东部移动；轻旱发生概率最大为10%~20%，该发生概率的空间分布范围比P0时期增大，但在未来各时期无显著变化；中旱和重旱发生概率最大为5%~10%，该发生概率空间分布范围比P0时期增大，在未来各时期无显著变化。

四 抽雄－乳熟期干旱

（一）干旱发生频率及其变化趋势

北方夏玉米在抽雄－乳熟期干旱发生概率变化如图7所示。在参考时期P0，夏玉米抽雄－乳熟期干旱发生概率呈特旱＞轻旱＞中旱＞重旱，各干旱等级平均发生概率均较小，分别为5.1%、4.7%、4.0%和3.4%，总干旱平均发生概率为14.7%。RCP2.6情景下，夏玉米抽雄－乳熟期各干旱等级平均发生概率呈轻旱≈特旱＞中旱＞重旱，RCP4.5和RCP8.5情景下夏玉米抽雄－乳熟期各干旱等级平均发生概率呈轻旱＞中旱＞特旱＞重旱除RCP4.5情景下P1时期，但不同情景下未来夏玉米抽雄－乳熟期干旱发生概率均显著大于P0时期。不同情景下，夏玉米抽雄－乳熟期总干旱平均发生概率分别为33.4%、31.2%和33.1%，但干旱发生概率在21世纪P1、P2和P3时期无显著差异。

（二）干旱发生面积及其变化趋势

不同情景下夏玉米抽雄－乳熟期干旱发生面积（表4）表明，在参考时期P0，特旱发生面积最大，平均为9.66×10^5ha，约占主产区总面积的10.5%（图8），轻旱其次，中旱和重旱最小。不同情景下未来夏玉米抽雄－乳熟期干旱平均发生面积呈特旱＞轻旱＞中旱＞重旱，平均发生面积分别约为12.19×10^5ha、6.81×10^5ha、3.12×10^5ha和2.95×10^5ha，约占主产区总面积的13.2%、7.4%、3.4%和3.2%。与P0时期相比，轻旱发生面积在不同情景下21世纪前期和中期增加，在后期小幅减小；中旱和重旱发生面

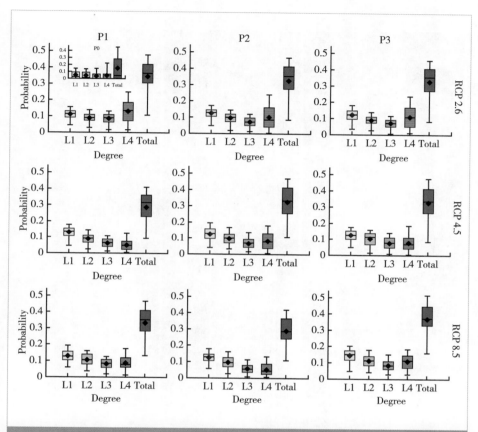

图7 不同气候情景下夏玉米抽雄－乳熟期干旱发生概率

左上角小图是P0，参考期（1986~2005年）发生概率，L1，轻旱；L2，中旱；L3，重旱；L4，特旱；Total，干旱总概率；P1，前期（2016~2035年）；P2，中期（2046~2065年）；P3，后期（2081~2100年）。盒型图从上往下黑线分别表示发生概率的95%、75%、50%、25%和5%分位数；黑色圆点表示平均值。

积在不同情景下小幅增加，尤其在21世纪后期增加显著；特旱发生面积在RCP2.6和RCP8.5情景下P2时期减小，在P1和P3时期显著增加，在RCP4.5情景下随时间推移呈增加趋势。在未来各时期，轻旱、中旱、重旱和特旱发生面积在RCP8.5情景下最大。

表4 不同气候情景下夏玉米抽雄－乳熟期不同干旱等级发生面积

灾害等级	气候情景	不同时期发生面积（10⁵ha）			
		P0	P1	P2	P3
轻旱	RCP2.6	6.76	6.99	7.17	6.23
	RCP4.5		6.85	6.80	6.37
	RCP8.5		7.24	7.05	6.54
中旱	RCP2.6	2.66	3.18	3.30	2.97
	RCP4.5		2.80	2.76	2.59
	RCP8.5		3.35	3.61	3.51
重旱	RCP2.6	2.64	2.98	2.75	3.07
	RCP4.5		2.62	2.34	3.20
	RCP8.5		3.17	3.06	3.34
特旱	RCP2.6	9.66	13.65	7.60	12.54
	RCP4.5		10.87	11.05	12.63
	RCP8.5		12.44	9.50	19.39

注：P0，参考时期（1986~2005年）；P1，前期（2016~2035年）；P2，中期（2046~2065年）；P3，后期（2081~2100年）。

（三）干旱发生概率的空间分布

我们通过研究不同情景下夏玉米抽雄－乳熟期总干旱发生概率空间分布发现，不同情景下未来各时期，总干旱发生概率呈中部高、东部和西部低的分布格局；干旱发生概率较高的区域包括山东大部、河北南部、山西南部、陕西南部、河南、安徽北部和江苏北部，平均发生概率大于20%，部分区域发生概率大于30%。与P0时期相比，不同情景下未来抽雄－乳熟期干旱发生概率大于30%的区域增加，且向主产区东部移动，在21世纪后期分布范围最大。尤其是在RCP8.5情景下21世纪后期，主产区大部分区域干旱发生概率大于30%，且主要集中在中部区域。

我们通过研究不同情景下未来夏玉米抽雄－乳熟期轻旱、中旱、重旱和特旱发生概率的空间分布发现，未来夏玉米抽雄－乳熟期干旱以特旱发生居

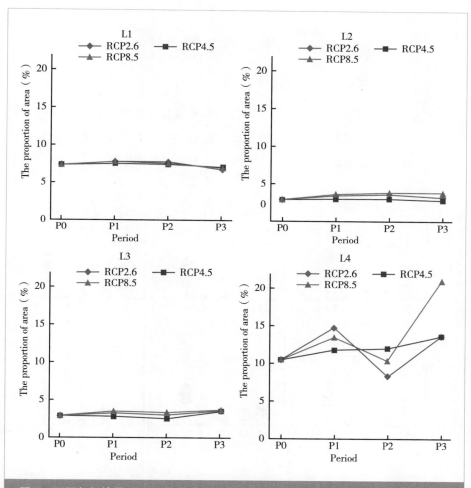

图8 不同气候情景下夏玉米抽雄－乳熟期干旱发生面积占主产区总面积的百分比

注：L1，轻旱；L2，中旱；L3，重旱；L4，特旱；P0，参考时期（1986~2005年）；P1，前期（2016~2035年）；P2，中期（2046~2065年）；P3，后期（2081~2100年）。

多，轻旱其次，中旱和重旱最少。不同情景下随时间推移，特旱发生概率的空间分布变化最显著的区域是主产区中部，包括山东大部、河北南部、河南东部、安徽北部和江苏北部，该区域特旱发生概率在21世纪后期显著增大，且在RCP8.5情景下达到最大。轻旱、中旱和重旱在主产区大部分区域发生概率小于10%，且空间分布在不同情景下随时间推移无显著变化。

五　乳熟－成熟期干旱

（一）干旱发生频率及其变化趋势

北方夏玉米在乳熟－成熟期干旱发生概率变化如图9所示。在参考时期P0，夏玉米乳熟－成熟期干旱发生概率呈轻旱＞中旱＞重旱＞特旱，且各干旱等级平均发生概率均较小，小于3.0%，总干旱平均发生概率为6.2%，最大

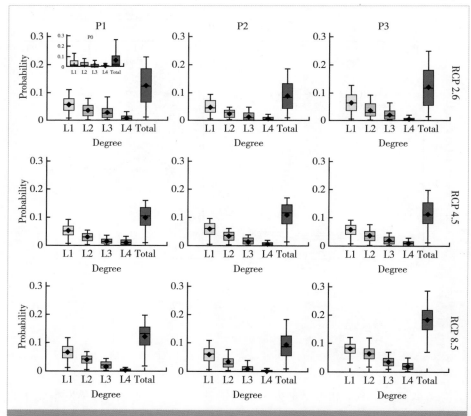

图9　不同气候情景下夏玉米乳熟－成熟期干旱发生概率

注：左上角小图是P0，参考期（1986~2005年）发生概率；L1，轻旱；L2，中旱；L3，重旱；L4，特旱；Total，干旱总概率；P1，前期（2016~2035年）；P2，中期（2046~2065年）；P3，后期（2081~2100年）。盒型图从上往下黑线分别表示发生概率的95%、75%、50%、25%和5%分位数；黑色圆点表示平均值。

发生概率为 30.0%。不同情景下 21 世纪各时期夏玉米乳熟 - 成熟期各干旱等级平均发生概率也呈轻旱 > 中旱 > 重旱 > 特旱，但不同情景下未来夏玉米乳熟 - 成熟期干旱发生概率均显著大于 P0 时期。不同情景下，夏玉米乳熟 - 成熟期总干旱平均发生概率分别为 11.2%、10.7% 和 13.3%；且干旱发生概率在 21 世纪前、中、后期变化不显著。

（二）干旱发生面积及其变化趋势

不同情景下夏玉米乳熟 - 成熟期干旱发生面积（表 5）表明，在参考时期 P0，干旱发生面积呈特旱 > 轻旱 > 中旱 > 重旱，其中特旱发生面积最大，平均为 14.67×10^5ha，约占主产区总面积的 15.9%（图 10）。不同情景下未来夏玉米乳熟 - 成熟期干旱平均发生面积呈特旱 > 轻旱 > 中旱 > 重旱，平均发生面积分别为 16.63×10^5ha、8.67×10^5ha、3.85×10^5ha 和 3.78×10^5ha，占主产区总面积的 18.0%、9.4%、4.2% 和 4.1%。不同情景下 21 世纪前、中、后期，轻旱、中旱和重旱发生面积变化不显著；特旱发生面积在 RCP4.5 和 RCP8.5 情景下随时间推移呈增加趋势，在 RCP2.6 情景下小于 P0 时期，呈减小趋势。

表 5　不同气候情景下夏玉米乳熟 - 成熟期不同干旱等级发生面积

灾害等级	气候情景	不同时期发生面积（10^5ha）			
		P0	P1	P2	P3
轻旱	RCP2.6	8.4	8.74	8.32	8.56
	RCP4.5		9.23	8.50	7.81
	RCP8.5		9.22	9.50	8.16
中旱	RCP2.6	4.02	3.70	3.18	3.76
	RCP4.5		3.98	4.68	3.33
	RCP8.5		4.14	3.93	3.96
重旱	RCP2.6	3.72	3.43	2.87	3.40
	RCP4.5		4.04	4.40	3.57
	RCP8.5		4.02	3.97	4.30

		不同时期发生面积（10^5ha）			
灾害等级	气候情景	P0	P1	P2	P3
	RCP2.6		12.68	8.77	13.00
特旱	RCP4.5	14.67	16.74	18.46	18.91
	RCP8.5		19.13	17.78	24.17

续表

注：P0，参考时期（1986~2005 年）；P1，前期（2016~2035 年）；P2，中期（2046~2065 年）；P3，后期（2081~2100 年）。

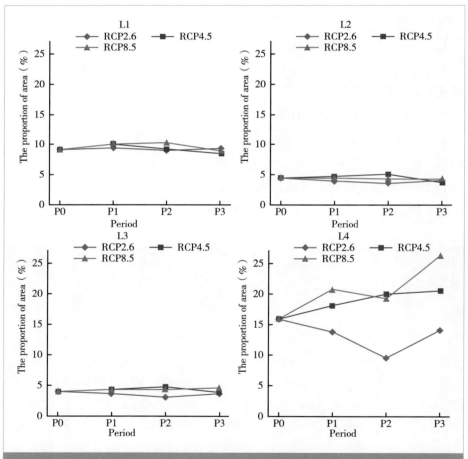

图 10 不同气候情景下夏玉米乳熟－成熟期干旱发生面积占主产区总面积的百分比

注：L1，轻旱；L2，中旱；L3，重旱；L4，特旱；P0，参考时期（1986~2005 年）；P1，前期（2016~2035 年）；P2，中期（2046~2065 年）；P3，后期（2081~2100 年）。

（三）干旱发生概率的空间分布

我们通过研究不同情景下夏玉米乳熟－成熟期总干旱发生概率空间分布发现，P0时期，总干旱发生概率呈中部高、两端低的分布格局；干旱发生概率较高的区域为山东大部、河南东部、山西南部、河北南部和安徽北部，平均发生概率大于30%，其中山东中部和西南部以及安徽北部区域发生概率大于40%。不同情景下21世纪前、中、后期总干旱发生概率大于30%的区域呈增大趋势，且随排放情景增大而增大。在RCP8.5情景下21世纪后期干旱发生概率大于40%区域分布范围最大，包括山东大部、河南东部、安徽北部和河北东南部。

我们通过研究不同情景下未来夏玉米乳熟－成熟期轻旱、中旱、重旱和特旱发生概率的空间分布发现，未来夏玉米乳熟－成熟期干旱以特旱为主，轻旱其次，中旱和重旱最少。不同情景下随时间推移，特旱发生概率的空间分布变化显著，高概率特旱发生区向东移动，且发生范围随排放情景增大而增大；轻旱发生概率在主产区大部区域小于20%，其中发生概率10%~20%的区域随时间推移向西移动；中旱和重旱发生概率的空间分布在不同情景下随时间推移无显著变化。

六　不同生育期的干旱危险性比较

不同情景下夏玉米各生育期总干旱发生面积（表6）表明，在参考时期P0，各生育期发生干旱面积呈乳熟－成熟期＞播种－出苗期＞出苗－拔节期＞拔节－抽雄期＞抽雄－乳熟期，其干旱发生面积约占种植区总面积的33.3%、28.4%、27.9%、27.0%和23.5%（图11）。不同情景下，乳熟－成熟期干旱平均发生面积最大，占种植区总面积的25%~44%；其次是拔节－抽雄期，干旱发生面积约占总面积的24%~37%；其他生育期干旱发生面积无显著差异，约占种植区总面积的26%~27%。与参考时期P0相比，不同情景下21世纪前、中、后期夏玉米播种－出苗期和出苗－拔节期的干旱发生面积呈波动变化，21 世纪后期略有减小；拔节 – 抽雄期和抽雄 – 乳熟期干旱发生面积在 RCP2.6 和 RCP8.5 情景下 21 世纪中期略有减小，在前期和后期显著增大；乳熟 – 成熟期干旱发生面积在 RCP4.5 和 RCP8.5 情景下均显著大于 P0 时期，而在 RCP2.6 情景下则小于 P0 时期。

生育期	气候情景	不同时期发生面积（10^5ha）			
		P0	P1	P2	P3
播种 – 出苗期	RCP2.6	26.22	25.07	24.99	24.24
	RCP4.5		23.45	26.34	23.37
	RCP8.5		24.36	22.33	24.72
出苗 – 拔节期	RCP2.6	25.80	26.90	26.69	24.94
	RCP4.5		22.10	25.82	24.15
	RCP8.5		24.83	21.85	24.75
拔节 – 抽雄期	RCP2.6	24.96	33.80	29.08	29.42
	RCP4.5		24.04	25.60	26.86
	RCP8.5		29.40	22.31	28.62
抽雄 – 乳熟期	RCP2.6	21.72	26.80	20.82	24.81
	RCP4.5		23.14	22.95	24.79
	RCP8.5		26.21	23.21	32.79
乳熟 – 成熟期	RCP2.6	30.80	28.54	23.14	28.72
	RCP4.5		33.99	36.04	33.62
	RCP8.5		36.51	35.18	40.59

表 6　不同气候情景下夏玉米不同生育期总干旱发生面积

注：P0，参考时期（1986~2005 年）；P1，前期（2016~2035 年）；P2，中期（2046~2065 年）；P3，后期（2081~2100 年）。

夏玉米在各生育期发生干旱的概率最大可达 40% 以上，平均发生概率在 30% 左右，主要集中在宁夏、陕西北部和内蒙古南部小部分区域、河北南部、

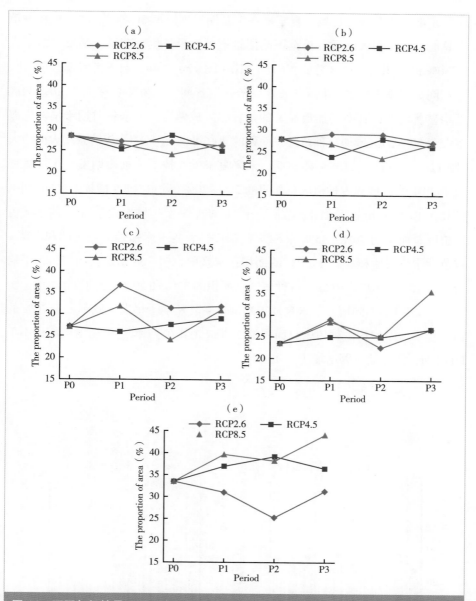

图 11　不同气候情景下夏玉米（a）播种－出苗期、（b）出苗－拔节期、（c）拔节－抽雄期、（d）抽雄－乳熟期、（e）乳熟－成熟期总干旱发生面积占主产区总面积的百分比

注：P0，参考时期（1986~2005 年）；P1，前期（2016~2035 年）；P2，中期（2046~2065 年）；P3，后期（2081~2100 年）。

山西东部和山东部分区域。夏玉米各生育期发生概率 30% 以上的区域在种植区总面积中占很大比重，根据不同情景下夏玉米各生育期总干旱发生概率大于 30% 的面积占主产区总面积的百分比（图 12）可知，与参考时期 P0 相比，除不同情景下 P2 时期外，未来夏玉米各生育期干旱发生概率大于 30% 的区域均显著增加，其中增加最显著的是乳熟 – 成熟期，未来各时期干旱发生概率大于 30% 的区域均占种植区总面积的 40%~80%，且随排放情景增大而增大（图 12e）；其次是拔节 – 抽雄期，未来夏玉米在拔节 – 抽雄期发生干旱概率大于 30% 的区域约占种植区总面积的 20%~70%（除 RCP8.5 情景下 P2 时期），尤其在 RCP2.6 情景下 21 世纪前、中、后期干旱发生概率大于 30% 的区域占种植区总面积的 70%、45% 和 54%（图 12c）；夏玉米播种 – 出苗期和出苗 – 拔节期干旱发生概率大于 30% 的面积在未来前、中、后期呈波动变化，平均为 30×10^5ha 和 27×10^5ha，占种植区总面积的 32% 和 29%，大于 P0 时期（图 12a, 图 12b）；不同情景下未来夏玉米抽雄 – 乳熟期干旱发生概率大于 30% 的面积较小，平均约占种植区总面积的 20%，尤其在 21 世纪中期发生面积小于 P0 时期，但后期显著增加（图 12d）。

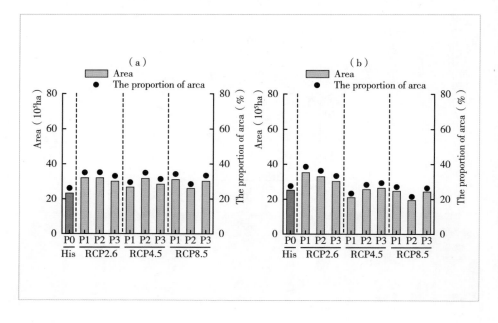

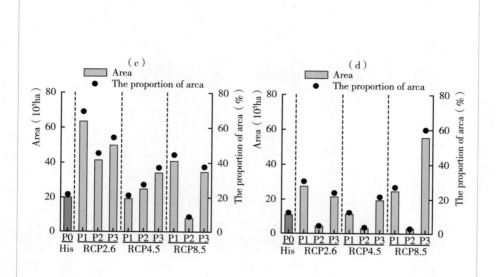

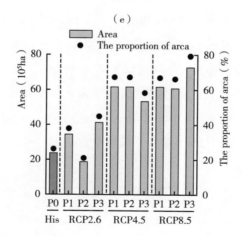

图 12　不同气候情景下夏玉米（a）播种–出苗期、（b）出苗–拔节期、（c）拔节–
　　　抽雄期、（d）抽雄–乳熟期、（e）乳熟–成熟期总干旱发生概率大于 30%
　　　的面积和占主产区总面积的百分比

　　注：P0，参考时期（1986~2005 年）；P1，前期（2016~2035 年）；P2，中期（2046~2065 年）；P3，
后期（2081~2100 年）。

B.14
春玉米生产的低温冷害危险性

一　低温冷害发生频率及其变化趋势

东北春玉米生长阶段易受低温冷害影响，进而影响生长发育和产量。不同气候情景下东北地区春玉米低温冷害发生概率变化如图1所示。在参考时期P0（1986~2005年），春玉米低温冷害发生概率是重度＞轻度，但二者平均发生概率均较小，分别为2.4%和1.6%。不同情景下，未来春玉米低温冷害发生概率与参考时期一致，也呈重度＞轻度，但平均发生概率小于参考时期。对于同一低温冷害等级，不同情景下21世纪前、中、后期，春玉米低温冷害发生概率呈减小趋势，且随排放情景增大而减小。对于总低温冷害发生概率而言，相比参考时期（4.0%），在未来呈显著减小趋势，但在RCP4.5情景下最大（1.2%），在RCP8.5情景下最小（0.6%）。

二　低温冷害发生面积及其变化趋势

不同情景下春玉米冷害发生面积（表1）表明，在参考时期P0和不同情景下，低温冷害发生面积呈重度＞轻度，其中轻度发生面积接近于0。随时间推移，低温冷害发生面积呈显著减小趋势。在同一时期，RCP4.5情景下冷害发生面积最大，RCP8.5情景下其次，RCP2.6情景下最小（图2）。

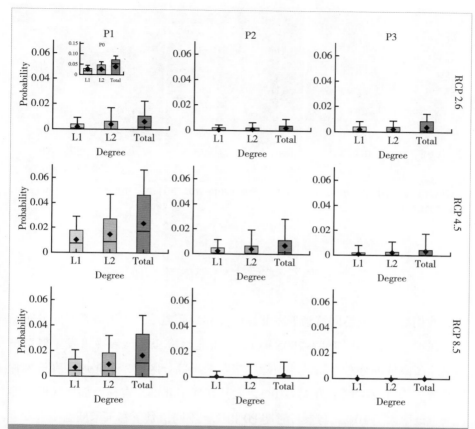

图 1　不同气候情景下春玉米低温冷害发生概率

注：左上角小图是 P0，参考期（1986~2005 年）发生概率，L1，轻度冷害；L2，重度冷害；Total，总冷害；P1，前期（2016~2035 年）；P2，中期（2046~2065 年）；P3，后期（2081~2100 年）。盒型图从上往下黑线分别表示发生概率的 95%、75%、50%、25% 和 5% 分位数；黑色菱形表示平均值。

表 1　不同气候情景下春玉米不同冷害等级发生面积

灾害等级	气候情景	发生面积（10^5ha）			
		P0	P1	P2	P3
轻度冷害	RCP2.6	0	0.00	0.00	0.00
	RCP4.5		0.00	0.00	0.00
	RCP8.5		0.00	0.00	0.00

续表

灾害等级	气候情景	发生面积（10^5ha）			
		P0	P1	P2	P3
重度冷害	RCP2.6	0.11	0.00	0.00	0.00
	RCP4.5		0.08	0.02	0.00
	RCP8.5		0.06	0.00	0.00
总冷害	RCP2.6	0.11	0.00	0.00	0.00
	RCP4.5		0.08	0.02	0.00
	RCP8.5		0.06	0.00	0.00

注：P0，参考时期（1986~2005 年）；P1，前期（2016~2035 年）；P2，中期（2046~2065 年）；P3，后期（2081~2100 年）。

三 低温冷害发生概率的空间分布

我们通过研究不同情景下东北地区春玉米低温冷害发生概率空间分布发现，在参考时期 P0（1986~2005 年），东北地区春玉米低温冷害发生概率整体呈北高南低的分布格局，其中除辽宁东部小部分区域，东北地区春玉米种植区低温冷害发生概率为 5%~10%，尤其在辽宁北部、吉林西部地区低温冷害发生概率大于 10%。与参考时期 P0 相比，不同情景下春玉米低温冷害发生概率空间分布与 P0 时期无显著差异，整体呈北高南低的分布格局，随时间推移低温冷害发生概率呈减小趋势。RCP2.6 情景下，2006~2100 年春玉米低温冷害的发生概率均小于 5%；RCP4.5 和 RCP8.5 情景下，玉米低温冷害发生概率随时间推移呈减小趋势，均在 21 世纪前期（P1 时期）最大，在辽宁西南部、吉林和黑龙江西部小区域每年发生概率达 10% 以上。

我们通过研究不同情景下未来 21 世纪前、中、后期东北地区春玉米轻度和重度低温冷害发生概率空间分布发现，未来春玉米低温冷害以轻度发生居多，重度其次。春玉米轻度和重度低温冷害发生概率在未来随时间推移呈减小趋势，空间分布范围减小，其中轻度和重度低温冷害均在 RCP4.5 情景下 21 世纪前期发生概率最大，涉及范围最广。

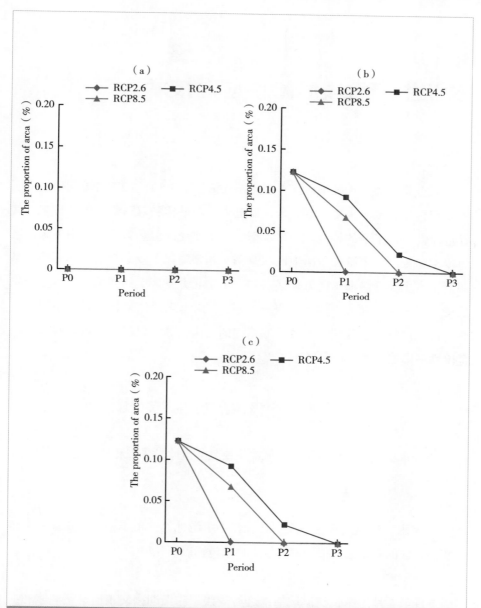

图 2　不同气候情景下春玉米冷害发生面积占主产区总面积的百分比（a）轻度冷害、（b）重度冷害、（c）总冷害

注：P0、P1、P2、P3 指参考时期（1986~2005 年）、21 世纪前期（2016~2035 年）、中期（2046~2065 年）和后期（2081~2100 年）。

B.15
农业生产气候危险性应对技术

农业是气候变化敏感行业。不同排放情景下 1.5℃和 2℃升温阈值给中国主要粮食作物（冬小麦、春玉米、夏玉米、一季稻和双季稻）生产带来的气候危险性出现了新的特点。未来水稻生产主要受高温热害（长江中下游地区单季稻、长江中下游和华南地区双季稻）和寒露风（双季晚稻）的影响，冬小麦生产主要受涝渍（南方麦区）和干旱（北方麦区）的影响，玉米生产主要受干旱影响（北方春玉米和夏玉米）。针对未来气候变化情景下中国农业生产面临的气候危险性，需要采取稳健的适应措施，以最大限度地降低气候危险性的影响，确保粮食稳产高产。

一　水稻生产气候危险性应对技术

未来水稻生产拟针对不同区域的主要气候危险性采取相应的应对技术。

（一）高温热害

未来水稻高温热害主要发生在长江中下游地区的单季稻以及长江中下游和华南地区的双季稻。拟采取的应对技术包括以下几项。

1.调整播种期，避开高温阶段

7月至8月恰逢长江流域梅雨之后的伏旱高温期，又正值早稻灌浆和一季稻抽穗扬花，是对高温最敏感的阶段。早稻可通过适当早播和促进早发，争取在高温到来之前完成灌浆；一季稻可通过调整播种期，避开高温热害，实现高温热害的防灾减灾。

2.采取降温措施，实现防灾减灾

在水稻高温发生期间，实施喷灌降温或日灌夜排以水降温方法，减轻热害，并增加空气湿度。

（二）寒露风

未来水稻寒露风主要发生在长江中下游和华南地区的双季晚稻。为此，可以采取保温措施，实现防灾减灾。在发生寒露风时，通过在水面和叶片喷洒抑制蒸发剂，以在叶面形成单分子薄膜，进而抑制水分蒸发和蒸腾，提高水温和叶温，有效减轻冷害威胁。

二　冬小麦生产气候危险性应对技术

未来冬小麦生产主要受涝渍（南方麦区）和干旱（北方麦区）的影响，因此拟针对不同区域的主要气候危险性采取相应的应对技术。

（一）涝渍

涝渍是南方小麦生产最主要的灾害，主要应对技术有：加强麦田基本建设，控制河网水位，降低麦田地下水位，做到雨后能迅速排水；实行水旱轮作，改善土壤通透性；增施有机肥和磷钾肥，促进受渍麦苗恢复生长；适时播种，防止盲目撒播和乱耕滥种；选育耐湿抗病品种，做到因地制宜；适时松土，实现积水排除后散墒；种子包衣，采用过氧化钙种子包衣确保淹水条件下种子萌芽。

（二）干旱

干旱是北方小麦生产最主要的灾害，主要应对技术有：培育壮苗，促进根系发育，提高吸收深层土壤水分能力；适时节水灌溉，通过辅以人工灌溉方式补充冬小麦生育期内的水分亏缺，或实施冬灌补充土壤水分，防止越冬期间干旱，或通过渠道衬砌、滴灌、喷灌、细流沟灌、波涌灌溉、雨季蓄墒等节水方式，确保在水量有限时的小麦关键期灌溉；化学抗旱，通过适当增施磷肥，且在孕穗至灌浆前期喷施抗旱剂，增强麦苗抗旱能力。

三　玉米生产气候危险性应对技术

未来气候变暖背景下玉米生产主要受干旱影响。拟采取的应对技术包括以下几项。

1.适度蹲苗，培育壮苗

大部分玉米实行雨养或旱作，在缺乏灌溉条件时，抗旱栽培最重要的是提高玉米根系吸收深层土壤水分的能力。

2.抗旱坐水播种

春旱年份为确保全苗可适当提早"抢墒播种"，充分利用化冻水分发芽出苗。表层墒情恶化后可采取深开沟、浅覆土的"找墒播种"办法，确保出苗。

3.物理覆盖，保水防旱

地膜覆盖可以阻挡土壤表面无效蒸发，保持耕层水分的相对稳定；同时，覆盖麦秸秆也可以起到防旱作用。

4.适时适量灌溉防旱

为节约用水，宜采用膜下灌溉、管灌、喷灌和滴灌等节水农业技术，根据旱情适量灌溉，减少干旱胁迫影响。

5.人工增雨，缓解干旱

当前人工增雨技术发展迅速，飞机增雨和发射火箭弹增雨技术已较为成熟，可有效地缓解旱情。

6.培育抗旱品种

针对地区气候特点，引入玉米抗旱基因，培育并选用增产潜力大和耐旱性强的品种实现抗旱减灾。

附录：方法与资料

一 1.5℃和 2℃升温阈值出现时间

本研究使用 CMIP5 耦合模式输出的包含历史试验和典型浓度路径（RCP）下的逐月地表温度数据。RCPs 情景是采用 2100 年的近似总辐射强迫来表示的，其中 RCP2.6 为最低的温室气体排放情景，RCP4.5 为中低温室气体排放情景，而 RCP8.5 为最高的温室气体排放情景。考虑到模式资料的可用性和完整性，不同排放情景下使用的模式数量及其具体信息见表 1。由于不同模式的水平分辨率不同，为了方便比较，所有模式结果均采用双线性插值方法统一插值到空间分辨率为 5.0°×5.0° 的格点上。本研究采用等权重系数下的多模式集合平均。

表 1 CMIP5 中气候模式的基本信息（其中 "√" 为不同情景下使用的气候模式）						
序号	模式名称	国家	水平分辨率	排放情景		
				RCP2.6	RCP4.5	RCP8.5
1	ACCESS1-0	澳大利亚	1.9°×1.25°		√	√
2	ACCESS1-3	澳大利亚	1.9°×1.25°		√	√
3	BCC-CSM1-1	中国	2.8°×2.8°	√	√	√
4	BNU-ESM	中国	2.8°×2.8°		√	
5	CanESM2	加拿大	2.8°×2.8°		√	√
6	CCSM4	美国	1.25°×0.9°	√	√	√
7	CESM1-BGC	美国	1.25°×0.9°		√	
8	CMCC-CMS	意大利	0.75°×0.75°		√	√
9	CMCC-CM	意大利	1.9°×1.9°		√	
10	CNRM-CM5	法国	1.4°×1.4°		√	√

续表

序号	模式名称	国家	水平分辨率	排放情景		
				RCP2.6	RCP4.5	RCP8.5
11	CSIRO-MK3-6-0	澳大利亚	1.9°×1.9°	√	√	√
12	GFDL-CM3	美国	2.5°×2.0°	√	√	√
13	GFDL-ESM2G	美国	2.5°×2.0°	√	√	
14	GFDL-ESM2M	美国	2.5°×2.0°	√	√	√
15	HadGEM2-CC	英国	1.9°×1.25°		√	√
16	HadGEM2-ES	英国	1.9°×1.25°	√	√	√
17	INM-CM4	俄罗斯	2.0°×1.5°		√	√
18	IPSL-CM5A-LR	法国	3.75°×1.9°	√	√	√
19	IPSL-CM5A-MR	法国	2.5°×1.25°	√	√	√
20	IPSL-CM5B-LR	法国	3.75°×1.9°		√	√
21	MIROC5	日本	1.4°×1.4°	√	√	√
22	MIROC-ESM	日本	2.8°×2.8°	√	√	√
23	MIROC-ESM-CHEM	日本	2.8°×2.8°	√	√	√
24	MPI-ESM-LR	德国	1.9°×1.9°	√	√	√
25	MPI-ESM-MR	德国	1.9°×1.9°		√	√
26	MRI-CGCM3	日本	1.1°×1.1°	√	√	√
27	NorESM1-M	挪威	2.5°×1.9°	√	√	√

  国际上关于不同升温阈值的定义是相对于工业化革命前的气候而言的，为了不受20世纪全球变暖的影响，同时兼顾不同模式历史气候模拟的积分时段差异，本研究选择1861~1890年平均时段作为21世纪升温幅度的参考时段，以与国际上相关处理方法保持一致。考虑到气候变化具有明显的年际特征，为消除年际尺度气候变率的影响，在此对全球温度变化序列进行9年滑动平均处理，并将其首次超过1.5℃（2℃）的时间作为该升温阈值出现的时间。将不同模式每年预估的全球地表平均温度应用概率分布函数进行拟合，从而获得概率为5%和95%时的温度距平，得到不同概率水平下温度距平的时间序列，并将1.5℃（2℃）温升水平对应的年份作为该升温阈值出现时间的90%置信区间，以此来描述模式预估的不确定性。

二 1.5℃和2℃升温阈值下中国年平均温度和降水变化

基于 CMIP5 耦合模式获得历史试验和典型浓度路径（RCP）下的温度和降水数据，不同排放情景下使用的模式数量及其具体信息见表 1。由于不同模式的水平分辨率不同，为便于比较，所有模式结果均采用双线性插值方法统一插值到空间分辨率为 1.0°×1.0° 的格点上。考虑到气候模式在不同地区的表现能力不同，基于泰勒图对模式进行优选是一种可行的方案。但是，对温度模拟较好的模式其对降水的模拟能力并不一定突出，且当使用的模式数量过少时，模式的内部变率被放大，反而导致结果存在偏差。研究表明，多模式集合平均的结果突出了模式对外强迫的响应，具有较高的信噪比，能够模拟当代中国的增暖趋势，且能较好地刻画中国降水从东南向西北的减少趋势。因此，本研究基于收集到的所有的模式数据，采用等权重进行集合平均，以此对中国未来的温度和降水进行预估。

1.5℃和2℃升温阈值是相对于工业化革命前期（1861~1890 年）而言的，多模式集合平均的结果表明，RCP2.6、RCP4.5 和 RCP8.5 排放情景下全球地表温度达到 1.5℃升温阈值的时间分别为 2029 年、2028 年和 2025 年，RCP2.6 情景并未达到 2℃升温阈值，RCP4.5 和 RCP8.5 排放情景下达到 2℃升温阈值的时间分别为 2048 年和 2040 年。需要指出的是，在对中国气候变化进行预估时并未采用计算升温阈值时的参考时段，而是以 1986~2005 年作为当前气候的参考时段，以使预估结果更加直观实用，并方便与其他研究结果进行横向比较。1.5℃升温阈值下年际尺度的中国气候变化指的是，以达到 1.5℃阈值的年份为基础，分别向前向后推算 4 年，计算 9 年等权重系数下多模式集合平均的结果相对于参考时段的变化，同时为了兼顾考虑不同气候模式对预估结果的影响，以单个模式模拟结果组成的集合的 5%~95% 分位数来表示预估的不确定性。季节变化的预估以此类推，其中春季、夏季、秋季和冬季分别指 3~5 月、6~8 月、9~11 月和 12 月 ~ 次年 2 月。为了更加直观地分析中国气候的变化，本研究采用 Hansen 等（2012）的定义方法，计算了未来中国区域平均的温度和降水相对于历史时期的距平值与其历史时期变率的比值，分别以 0.43σ（标准差）、1σ 和 3σ 来定义不同等级的气候变化。以温度为例，当比值在 ±0.43σ 区间为正常气候，大于 0.43σ 认为是较热的天气，大于 1σ 为非常热的天气，大于 3σ 为极热天气，降水亦然。当多模式集合平均达到 1.5℃（2℃）升温阈值时，若此时单个模式的 9 年滑动平均值为 1.3~1.7℃（1.8~2.2℃），则该模式对应的 9 年的数据作为样本被挑选出来，并与其他符合条件的模式组成新的数据集，由此计算未来某一情景某一升温阈值下中国气候变化的概率密度，并用高斯分布对其进行拟合。

在分析 1.5℃ 和 2℃ 升温阈值下中国温度和降水的变化差异时，本研究采用合成分析方法对其进行显著性检验。设多模式集合平均的温度（或降水）在 1.5℃ 升温阈值和 2℃ 升温阈值下平均值分别为 $\bar{x}$ 和 $\bar{y}$，方差分别为 $s_1{}^2$ 和 $s_2{}^2$，假设它们总体均值无显著性差异，统计量：

$$t = \frac{\bar{x} - \bar{y}}{\sqrt{\dfrac{(m-1)s_1{}^2 + (n-1)s_2{}^2}{m+n-2}} \cdot \sqrt{\dfrac{1}{m} + \dfrac{1}{n}}}$$

遵从自由度为 $m+n-2$ 的 t 分布，其中 m、n 为年份，此处为 9 年。

三　1.5℃和2℃升温阈值下中国极端温度事件

预估中国极端温度事件时，采用 1986~2005 年作为当前气候的参考时段，与计算 1.5℃ 和 2℃ 升温阈值出现时间的参考时段并不一致。

目前，国际上最常用的极端气候事件指数为气候变化监测与极端事件指数专家组（ETCCDI）推荐的 27 个核心指数（Sillmann et al., 2013），此处使用和温度有关的 6 个指数，其中包含两个绝对值类指数（TXx 和 TNn）和四个百分位数指数（TX90p、TN90p、TX10p 和 TN10p），详细信息见表 2。

表 2　极端温度指数的定义

名称	英文缩写	定义	单位
最暖昼温度	TXx	日最高温度的最大值	℃
最冷夜温度	TNn	日最低温度的最大值	℃
暖昼	TX90p	日最高温度大于基准期 90% 分位数的天数的百分比	%
暖夜	TN90p	日最低温度大于基准期 90% 分位数的天数的百分比	%
冷昼	TX10p	日最高温度小于基准期 10% 分位数的天数的百分比	%
冷夜	TN10p	日最低温度小于基准期 10% 分位数的天数的百分比	%

在评估 CMIP5 气候模式对中国当代气候（1986~2005 年）的模拟能力时使用的观测资料为国家气候中心 CN05 日平均格点资料，其分辨率为 0.5°×0.5°（Zhou et al.，2016）。泰勒图能够直观地体现模式模拟与观测的对比结果（Taylor et al.,2001），如图 1 所示，从原点到代表模式的点的距离为模拟场和观测场的标准差之比，方位角为空间相关系数，从参考点（REF）到模式点的距离为中心化的均方根误差，即模式越靠近观测点则表明模式的

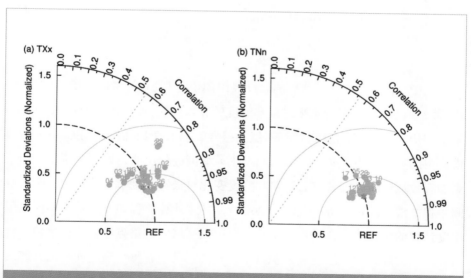

图 1　CMIP5 的气候模式模拟的中国最暖昼（a）和最冷夜温度（b）的泰勒图。图中数字对应于表 1 中的气候模式，红色星号为多模式集合平均的结果。

模拟能力越强。以 TXx 和 TNn 为例，图 1 表明模式能够很好地模拟出中国最暖昼和最冷夜温度的空间分布，其空间分布系数均通过 99% 的显著性检验，且模式的均方根误差均小于 1，尤其是多模式集合平均结果对中国当代气候具有较好的模拟能力。表 1 中的所有模式将用于后续的分析。

预估未来不同升温阈值下极端温度事件时，对于每个模式提取以相应阈值出现的时间为中心的 9 年数据，并计算等权重系数下多模式集合平均的 9 年平均值相对于历史时段的差值作为极端温度指数的变化。从 1.5℃ 到 2℃ 的半度增暖对极端温度指数的影响是否显著使用双边 t 检验来验证。

在分析温度概率密度分布的迁移和峰度变化对极端温度事件变化的贡献时，以温度平均值的差异来表示（Δ_{mean}）未来和历史时期温度分布的迁移程度；以 90% 分位数和平均值的差值来表示历史（未来）时期的概率密度的宽度，并将未来和历史概率密度宽度的差值（$\Delta_{T90}-\Delta_{mean}$）作为温度概率密度曲线的变宽 / 变窄程度，从而表征曲线的峰度变化，即宽度越大表明峰度越小，新生成的阈值分别如下：

$$T_{shift}=T_{fut}-\Delta_{mean} \tag{1}$$

$$T_{broaden}=T_{fut}-(\Delta_{T90}-\Delta_{mean}) \tag{2}$$

式中，T_{shift} 为考虑迁移后的温度界限阈值，$T_{broaden}$ 为考虑峰度后的阈值，T_{fut} 为 1.5℃（2℃）温升水平时极端温度的界限阈值，即 90% 分位数，Δ_{T90} 为未来和历史时期极端温度界限阈值的差异。以 RCP4.5 情景下 BCC-CSM1-1 模式中的某一格点（40.5° N，111° E）举例进行说明，如图 2 所示。为了更加有效地诊断温度分布的迁移和峰度变化对极端温度事件的贡献，引入空间累积方法（Fischer and Knutti，2014），具体计算流程如下：基于不同界限温度计算的多模式集合平均的结果，以中国区域内的格点数量为样本值，针对受影响的陆地面积绘制其累积概率分布图，其中，每个格点面积因其纬度不同对权重加以考虑。在此基础上，应用 Kolmogorov-Smirnov 检验分别对基于 T_{shift} 和 $T_{broaden}$ 为阈值计算的极端温度的概率分布与基于 T_{fut} 为阈值计算的极端温度的概率分布的差异显著性进行验证。进一步地，本研究使用归因风险分数（PAR）（Fischer and Knutti，2015）对温度分布的迁移和峰度变化对极端温度事件贡献的百分比进行定量分析，具体计算公式如下：

$$PAR = 1 - \frac{P0}{P_1} \tag{3}$$

式中，P_0 为以 T_{shift} 或 $T_{broaden}$ 为阈值计算的中国区域平均的极端温度出现的百分比，P_1 为以 T_{fut} 为阈值时中国极端温度事件出现的百分比。当 PAR>0，表明温度分布的迁移和峰度变化对极端事件的贡献为正效应，即使得极端事件出现的概率增加，反之亦然。

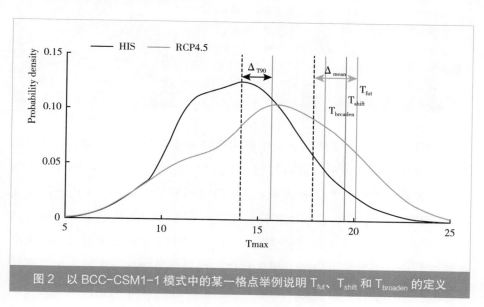

图2 以 BCC-CSM1-1 模式中的某一格点举例说明 T_{fut}、T_{shift} 和 $T_{broaden}$ 的定义

四　1.5℃和2℃升温阈值下中国极端降水气候事件

本研究选用气候变化监测与极端事件指数专家组（ETCCDI）推荐的27个核心指数中描述极端降水的10个指数（Sillmann et al.，2013），其中大于1mm的降水总量（PRCPTOT）、降水强度（SDII）、最大1天降水量

（RX1day）、最大 5 天降水量（RX5day）、95% 强降水量（R95p）和 99% 强降水量（R99p）描述了极端降水的强度特征；降雨日数（R1mm）、中雨日数（R10mm）、大雨日数（R20mm）是表征极端降水发生频率的物理量；连续干日（CDD）指数则反映了极端降水的持续时间（表 3）。

表 3　极端降水指数的定义			
名称	英文缩写	定义	单位
降水总量	PRCPTOT	大于等于 1mm 的日降水量之和	mm
降水强度	SDII	降水总量与降水日数（日降水量 >=1mm）的比值	mm d^{-1}
最大 1 天降水量	RX5day	1 天降水量最大值	mm
最大 5 天降水量	RX5day	5 天降水量之和的最大值	mm
降水日数	R1mm	日降水量 >=1mm 的日数	d
中雨日数	R10mm	日降水量 >=10mm 的日数	d
大雨日数	R20mm	日降水量 >=20mm 的日数	d
强降水量	R95P	大于基准期内 95% 分位数的日降水量之和	mm
强降水量	R99P	大于基准期内 99% 分位数的日降水量之和	mm
连续干日	CDD	日降水量连续小于 1mm 的最长天数	d

1.5℃（2℃）升温阈值下极端降水事件的变化以 1.5℃（2℃）升温出现时间为中心的 9 年平均值数据相对于历史参考时段（1986~2005 年）的差值来表示（其中，表征极端降水强度特征的变量，以相对于历史时段变化的百分比来表示），以消除年际尺度上气候变率对预估结果的影响，从而获得相对稳定背景下的气候变化。1.5℃到 2℃的半度增暖对极端降水事件影响的模式一致性，以所有模式预估的当地信号变化与多模式集合平均结果的符号一致性的百分比来表示，当其比例达到 66% 时，即可认为模式结果的可信度较高。

为更加直观地分析从 1.5℃到 2℃的半度增暖对中国极端降水事件的影响，在计算的多模式集合平均的空间分布结果的基础上引入空间累积方法（Fischer and Knutti，2014），计算不同温升水平下极端降水事件面积变化的累积概率分布，即以多模式集合平均的中国区域内的所有格点为样本（考虑因纬度不同造成的格点权重差异），利用高斯分布对其进行拟合，绘制累积概率分布图，并基于单个模式的分析结果给出可能的分布范围（即66%的模式位于此区间内）。在此基础上，应用 Kolmogorov-Smirnov 方法验证 1.5℃和 2℃阈值时的极端降水差异是否具有显著性（Schleussner et al.，2016）。

在分析年际尺度的极端降水对变暖的响应时，本研究首先关注的是其对全球增温的响应；同时，为了更好地与日尺度的分析结果对比，也计算了区域平均的极端降水指数对当地温度的依赖性。在计算日尺度极端降水对温度的响应时，采用"温度分组法"（Bao et al.，2017），即将某一格点上所有的降水数据，按照其对应的日平均温度进行分类，以 1℃作为间隔，对于有效的温度和降水数据大于 50 组的数据分组，计算极端降水的 99%分位数，将组内大于该阈值的降水数据的平均值作为对应温度的极端降水数据；对于小于 50 组的数据分组，其数值设置为缺省值。基于分组之后各个格点的降水和温度数据，分析中国区域平均的极端降水对温度的依赖关系，并进而探讨不同温升水平下二者的关系是否稳定。

五　中国气候变化预估数据

本研究使用 CMIP5 耦合模式的模拟结果，包含历史试验和典型浓度路径（RCP）下的温度和降水数据。RCPs 情景是用 2100 年的近似总辐射强迫来表示的，即在 RCP2.6、RCP4.5 和 RCP8.5 情景下，辐射强迫分别达到 $2.6Wm^{-2}$、$4.5Wm^{-2}$ 和 $8.5Wm^{-2}$，其中 RCP2.6 为最低的温室气体排放情景，通过限制能源排放等一系列减缓措施，使全球平均温度上升限制在 2℃，RCP4.5 为中低排放情景，而 RCP8.5 为最高的温室气体排放情景，未采取相应的政策应对气候变化。考虑到模式资料的可用性和完整性，不同排放情景下使用的模式数量及其具体信息见表 1。在建立中国气候变化预估数据时，将所有模式结果均采用双线性插值方法统一插值到分辨率为 1.0°×1.0° 的格点上。

国际上不同升温阈值是相对于工业化革命前的气候而言的，为了不受 20

149

世纪全球变暖的影响，同时兼顾不同模式历史气候模拟的积分时段的差异，本研究采用国际通用方法，选择 1861~1890 年的平均作为 21 世纪升温幅度的参考时段。在对中国气候变化进行预估时，根据 IPCC AR5 定义年代划分，每个情景下的模式数据均统一划分为 P0：参考阶段（1986~2005 年）；P1：前期（2016~2035 年）；P2：中期（2046~2065 年）；P3：后期（2081~2100 年）四个时间段。

六 主要粮食作物生产的气候危险性评估

1.气候数据

筛选出 CMIP5 中同时提供 Historical、RCP2.6、RCP4.5 和 RCP8.5 气候情景模拟的 1861~2100 年月尺度和日尺度平均温度、最高温度、最低温度、降水、风速、相对湿度和辐射数据的地球系统模式（共计 17 个，表 4）。其中，辐射数据仅有表中前 8 个模式数据。由于地球系统模式输出变量的空间分辨率不同（表 4），采用双线性插值方法将模型数据统一插值为 0.1°×0.1° 分辨率。每个情景下的模式数据均以 1986~2005 年为参考阶段（P0），将 21 世纪划分为 P1：前期（2016~2035 年）；P2：中期（2046~2065 年）；P3：后期（2081~2100 年）三个时间段，据此进行主要粮食作物生产的气候危险性评估。

表 4 主要粮食作物生产的气候危险性评估使用的 CMIP5 地球系统模式			
序号	模式	国家	分辨率（格点）
1	CanESM2	加拿大	64×128
2	GFDL–CM3	美国	90×144
3	GFDL–ESM2G	美国	90×144
4	GFDL–ESM2M	美国	90×144
5	HadGEM2–ES	英国	192×145
6	IPSL–CM5A–LR	法国	143×144

续表

序号	模式	国家	分辨率（格点）
7	MIROC–ESM–CHEM	日本	160×320
8	NorESM1–M	挪威	96×144
9	MIROC5	日本	128×256
10	MIROC–ESM	日本	64×128
11	MPI–ESM–MR	日本	64×128
12	MPI–ESM–LR	德国	96×192
13	MRI–CGCM3	德国	96×192
14	BCC–CSM1–1	中国	64×128
15	CCSM4	美国	192×288
16	CSIRO–MK3–6–0	澳大利亚	96×192
17	IPSL–CM5A–MR	法国	143×144

2.作物分布资料

冬小麦主要种植区为黄淮海地区、长江中下游地区和西南地区，分为北方麦区和南方麦区。北方冬小麦区为长城以南、六盘山以东、秦岭－淮河以北的各省区，包括山东、河南、河北、山西、陕西等省，是我国最大的冬小麦生产区和消费区，该区冬小麦的播种面积和产量均占全国的2/3以上。南方冬小麦区分布在秦岭－淮河以南、横断山以东地区，其中安徽、江苏、四川和湖北等省为集中产区（图3）。

玉米包括春玉米和夏玉米，主要种植区在全国范围较大。其中，春玉米主要种植区为东北地区、华北北部地区和西南小部分地区，包括辽宁与吉林的全境、黑龙江中南部、内蒙古南部、河北、山西、甘肃和宁夏北部，以及重庆和四川部分地区。夏玉米主要种植区为黄淮海平原，以山东和河南为主，在河北、山西和陕西南部，以及江苏、安徽北部部分区域也有分布。

单季稻主要种植区为长江中下游地区，包括江苏、湖北与浙江全境，安徽中南大部，湖南西北部，江西东北部；东北地区，包括辽宁中东部、吉林

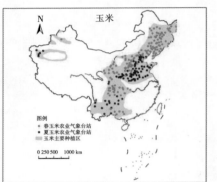

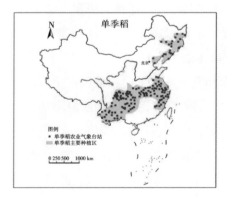

图3 玉米、冬小麦、双季早稻、双季晚稻和单季稻主要种植区及农业气象台站分布

中北部、黑龙江东南部；西南地区，包括贵州全境、重庆、云南大部和四川东南部。

双季稻（双季早稻+双季晚稻）主要种植区为长江中下游地区，包括江西与浙江全境、安徽南部、湖北东南部、湖南中东部；华南地区，包括福建、广东与海南全境、广西东部与南部。

根据全国农业气象观测站站点信息，分别提取冬小麦、玉米、单季稻、双季早稻和双季晚稻主要种植区中分布点信息，通过反距离加权法进行空间插值，结合未来气候情景数据，提取主要粮食作物分布区最新的未来气候情景数据库。

3.作物生育期资料

基于近五年（2008~2012年）主要粮食作物（玉米、冬小麦和水稻）农业气象台站的发育期资料（表5），统计每个农业气象台站每种作物某一发育期的平均日序；通过反距离加权法进行空间插值，利用未来气候情景数据的经纬度信息提取对应作物的发育期日序。

表5　水稻、冬小麦和玉米农业气象试验站实测发育期标识

作物	发育期								
水稻	播种	出苗	移栽	返青	分蘖	孕穗	抽穗	乳熟	成熟
	1	2	3	4	5	6	7	8	9
冬小麦	播种	出苗	分蘖	停长	返青	拔节	抽穗	乳熟	成熟
	1	2	3	4	5	6	7	8	9
玉米	播种	出苗	三叶	七叶	拔节	抽雄	抽穗	乳熟	成熟
	1	2	3	4	5	6	7	8	9

4.主要粮食作物生产的气候危险性评估指标

本研究主要分析主要粮食作物（小麦、玉米、单季稻、双季稻）主要种植区的主要农业气象灾害（表6）。以主要粮食作物的主要致灾因子为基准确定气候危险性评估指标和划分等级。

表 6　主要粮食作物主要种植区的主要灾害

作物		主要种植区	主要灾害
小麦		秦岭－淮河及以南地区	涝渍
		北方麦区	干旱
玉米		东北地区	冷害
		北方地区	干旱
水稻	单季稻	长江中下游地区	高温热害
		东北地区	冷害
	双季稻	长江中下游地区	早稻高温热害和低温阴雨、晚稻热害和寒露风
		华南地区	

5.水稻生产的气候危险性评估指标

以水稻 30 年年均产量为参考基准确定气候危险性评估指标和划分等级。水稻的主要致灾因子包括：冷害、寒露风、低温阴雨、高温热害。

（1）水稻高温热害评估指标

温度超过作物生长发育上限，对作物生长发育，特别是开花和结实以及最终产量所造成的危害，统称高温热害。水稻为高温热害主要受灾作物，在我国长江流域及其以南地区的双季稻和单季稻均有发生。水稻高温热害主要发生在三个阶段：单季稻抽穗开花期（8 月）、双季早稻抽穗－灌浆期（6~7 月）、双季晚稻抽穗开花期（9 月上中旬）。

水稻高温热害等级指标采用中华人民共和国国家标准《主要农作物高温危害温度指标》（GB/T 21985–2008）（中华人民共和国国家质量监督检验检疫总局、中国国家标准化管理委员会，2008）。综合考虑确定双季早稻抽穗－灌浆期、双季晚稻抽穗开花期（长江中下游地区和华南地区）和单季稻（长江中下游地区）抽穗开花期高温热害以日最高气温 ≥ 35.0℃ 作为指标。根据日最高气温高于阈值的持续天数长短，划分为不同的危害等级（表 7）（高素华、王培娟，2009）。

灾害等级	减产率参考	热害指标		生育期	应用地区
		日最高温（℃）	持续时间（天）	单季稻抽穗开花期（8月）双季早稻抽穗–灌浆期（6~7月）双季晚稻抽穗开花期（9月上中旬）	单季稻：长江中下游地区双季早稻、双季晚稻：长江中下游地区和华南地区
轻度	5%<减产率≤10%	≥35.0	3~4		
中度	10%<减产率≤15%	≥35.0	5~7		
重度	减产率>15%	≥35.0	≥8		

表 7　水稻高温热害等级指标

（2）单季稻延迟型冷害评估指标

延迟型冷害是指作物生育期间，特别在营养生长阶段（生殖生长阶段也可能遭遇）遇持续低温，引起作物生育期显著延迟，其特点是使作物在较长时间内处于较低温度条件，而导致作物出苗、分蘖、拔节、抽穗开花等发育期延迟，甚至在开花后仍遇持续低温导致作物不能充分灌浆，未能在初霜冻到来之前正常成熟，出现谷粒不饱满或半粒、秕粒现象，使千粒重下降。东北地区单季稻一般多为延迟型冷害，属于累积型灾害，需要长时期相对低温的积累，短时间气温偏低的危害不大。

东北地区单季稻延迟型冷害界定采用中华人民共和国气象行业标准《水稻、玉米冷害等级》（中国气象局,2009）。选取当年 5 至 9 月逐月平均气温之和与同期多年平均值的距平（△T）为东北单季稻延迟型冷害致灾因子，并依据其量值大小确定分级指标（表8）。△T的计算公式如下：

$$\triangle T = \sum T_{5-9} - T = \sum T_{5-9} - \frac{1}{n}\sum_{i=1}^{n} T_{5-9}$$

其中$\sum T_{5-9}$为当年 5~9 月逐月平均气温之和；T为 5~9 月逐月平均气温之和的多年平均值（近 30 年）；$n=30$。

表 8　东北地区单季稻延迟型冷害等级划分指标（QX/T 101-2009）

灾害等级	减产率参考值	致灾因子	致灾指标					
		5至9月逐月平均气温之和的多年平均值（T,℃）	$T \leq 80.0$	$80.0 < T \leq 85.0$	$85.0 < T \leq 90.0$	$90.0 < T \leq 95.0$	$95.0 < T \leq 100.0$	$100.0 < T \leq 105.0$
轻度冷害	5%<减产率≤15%	5至9月逐月平均气温之和与多年平均值的距平（$\triangle T$,℃）	$-1.1 < \triangle T \leq -1.0$	$-1.3 < \triangle T \leq -1.1$	$-1.7 < \triangle T \leq -1.3$	$-2.4 < \triangle T \leq -1.7$	$-2.8 < \triangle T \leq -2.4$	$\triangle T \leq -2.8$
重度冷害	减产率>15%		$-2.2 < \triangle T \leq -2.0$	$-2.6 < \triangle T \leq -2.2$	$-3.2 < \triangle T \leq -2.6$	$-3.8 < \triangle T \leq -3.2$	$-4.2 < \triangle T \leq -3.8$	$\triangle T \leq -4.2$

（3）双季早稻低温阴雨评估指标

低温阴雨是指春季发生在长江流域和华南地区的早稻低温烂秧天气，亦称"倒春寒"。双季早稻播种育秧期低温阴雨界定采用中华人民共和国气象行业标准《早稻播种育秧期低温阴雨等级》（中国气象局，2008）。低温阴雨等级以日平均气温（T）、日平均气温低于阈值的持续天数（D）、日照时数（H）为综合指标，划分为轻度、中度、重度三个等级（表9）。等级划分时，重度优先于中度，中度优先于轻度。

表 9　早稻播种育秧期低温阴雨等级指标（QX/T 98-2008）

灾害等级	减产率参考值	致灾因子		
		日平均温（T,℃）	持续日数（D,d）	过程日照时数（H,h）
轻度	5%<减产率≤10%	<12.0	3~5	<3.0
中度	10%<减产率≤15%	<12.0	6~9	<3.0
		<10.0	≥3	<3.0
重度	减产率>15%	<12.0	≥10	<3.0
		<8.0	≥3	<3.0

（4）双季晚稻寒露风评估指标

寒露风是指我国南方地区双季晚稻的秋季低温冷害，由于多发生在"寒露"节气，亦称为"寒露风"。寒露风是双季晚稻抽穗开花期的主要气象灾害之一，此时双季晚稻若遭遇低温危害，就会造成空壳、瘪粒，导致减产。北方冷空气不断南下，经常会带来明显的降温、大风和阴雨天气，影响双季晚稻正常的抽穗开花。寒露风天气主要有干冷型和湿冷型两种类型，干冷型主要发生在华南地区双季晚稻区域，湿冷型主要发生在长江中下游地区双季晚稻区域，二者的评估指标不同。

双季晚稻抽穗开花期寒露风等级划分指标采用中华人民共和国气象行业标准《寒露风等级》（中国气象局,2008）。寒露风等级划分以日平均气温、平均气温低于阈值的持续天数、日最低气温和影响降水日等为基础，分为干冷型、湿冷型两大类，各分为轻度、中度、重度三个等级（表10）。等级划分时，重度优先于中度，中度优先于轻度。

表 10　双季晚稻抽穗开花期寒露风等级划分指标（QX/T 94-2008）

灾害等级	减产率参考值	致灾因子				
		湿冷型（长江中下游地区）			干冷型（华南地区）	
		日平均温（T,℃），持续日数（D,d）	日最低气温低于≤17.0℃持续日数	影响降水日数（d）	日平均温（T,℃），持续日数（D,d）	日最低气温低于≤17.0℃持续日数
轻度	5%<减产率≤10%	$T \leqslant 23.0, D \geqslant 3$	≥0	≥1	$T \leqslant 22.0, D \geqslant 3$	≥0
		$T \leqslant 23.0, D=2$	≥1	≥1	$T \leqslant 22.0, D=2$	≥1
中度	10%<减产率≤15%	$T \leqslant 21.0, D=3{\sim}5$	≥0	≥1	$T \leqslant 20.0, D=3{\sim}5$	≥0
		$T \leqslant 21.0, D=2$	≥1	≥1	$T \leqslant 20.0, D=2$	≥1
重度	减产率>15%	$T \leqslant 21.0, D \geqslant 6$	≥0	≥3	$T \leqslant 20.0, D \geqslant 6$	≥0

6.冬小麦生产的气候危险性评估指标

以冬小麦30年年均产量为参考基准确定气候危险性评估指标和划分等

级。冬小麦的主要致灾因子包括：涝渍和干旱。

（1）冬小麦涝渍评估指标

涝渍是指当农田土壤相对湿度≥90%时，土壤大孔隙充水，缺少空气，作物根部环境条件恶化，造成植株生长与发育不良、作物产量下降形成的农业气象灾害。按照水分过多的程度以及农业受影响的特点通常分为涝害和渍害（湿害）两类（中国农业百科全书农业气象卷编辑委员会,1986）。涝害与渍害往往形成于同一地区、同一时间或同一次降水过程，可将涝害与渍害统称为涝渍。

小麦为旱生作物，对土壤水分过多相当敏感。受涝渍的小麦根系长期处在土壤水分饱和的缺氧环境中，根系吸水能力减弱，造成植株体内水分亏缺，严重时甚至造成脱水凋萎或死亡。长江中下游地区的冬小麦易遭受涝渍灾害，主要发生在冬小麦冬前苗期、拔节期、孕穗期和抽穗灌浆期。冬小麦（长江中下游地区）涝渍指标采用中华人民共和国气象行业标准《冬小麦、油菜涝渍等级》（中国气象局,2009），该标准适用于秦岭——淮河沿线及其以南区域。根据冬小麦相应生育期的降水量、降水日数、日照时数综合计算冬小麦涝渍指数（Q_w），进而划分涝渍灾害等级（表11）。涝渍指数（Q_w）计算公式如下：

$$Q_w = b_1 \frac{R}{R_{max}} + b_2 \frac{D_R}{D} - b_3 \frac{S}{S_{max}}$$

式中，R 为旬降水量（mm）；R_{max} 为多年旬最大降水量（mm）；D_R 为旬最多降水日数（d）；D 为旬降水日数（d）；S 为旬日照时数（h）；S_{max} 为旬最长日照时数（h）；b_1、b_2 和 b_3 分别为降水量、降水日数和日照时数对涝渍灾害形成的影响系数，计算方法采用主成分分析方法。参考取值：b_1 为 0.75~1，b_2 为 0.75~1，b_3 为 0.50~0.75。

灾害等级	减产率参考值	生育期			
		冬前苗期（11~12 月）	拔节期（3 月）	孕穗期（4 月上中旬）	抽穗灌浆期（4 月下旬~5 月中旬）
轻度	5%< 减产率 ≤ 10%	3 旬平均 Qw ≥ 0.7	2 旬平均 1.1>Qw ≥ 0.8，其中有 1 旬 1.3>Qw ≥ 1.0	2 旬平均 0.9>Qw ≥ 0.8，其中有 1 旬 1.2>Qw ≥ 1.0	2 旬平均 1.0>Qw ≥ 0.8，或 1 旬 1.2>Qw ≥ 1.0
中度	10%< 减产率 ≤ 20%	—	2 旬平均 Qw ≥ 1.1，其中有 1 旬 Qw ≥ 1.3	2 旬平均 1.2>Qw ≥ 0.9，其中有 1 旬 1.4>Qw ≥ 1.2	2 旬平均 1.2>Qw ≥ 1.0，其中有 1 旬 1.4>Qw ≥ 1.2
重度	减产率 >20%	—	—	2 旬平均 Qw ≥ 1.2，其中有 1 旬 Qw ≥ 1.4	2 旬平均 Qw ≥ 1.2，或 1 旬 Qw ≥ 1.4

表 11　冬小麦涝渍等级划分指标（QX/T 107-2009）

（2）冬小麦干旱评估指标

农业干旱是指由土壤水和作物需水不平衡造成的异常水分短缺现象，长期无降水或降水异常偏少是引起干旱的直接原因。干旱是我国冬小麦的主要农业气象灾害，对冬小麦生产产生重大不利影响，造成减产或品质下降。北方冬麦区是受干旱影响较严重的区域，主要发生在冬小麦的播种期、拔节 - 抽穗期、灌浆 - 成熟期和全生育期。冬小麦干旱指标采用中华人民共和国气象行业标准《小麦干旱灾害等级》（中国气象局,2007），该标准适用于北方麦区。定义小麦生育阶段的降水量与常年同期气候平均降水量的差值占常年同期气候平均降水量的百分率（P_a）为表征小麦干旱的指标（表12）。某一格点小麦某一生育期的降水量距平百分率（P_a）计算公式如下：

$$P_a = \frac{P - \bar{P}}{\bar{P}} \times 100\%$$

$$\bar{P} = \frac{1}{n} \sum_{i=1}^{n} P_i$$

式中 P_a 为小麦生育期的降水量距平百分率（%）；P 为小麦某生育期的降水量（mm）；$\overline{P}$ 为同期气候平均降水量（mm）；$n=30$，30 年 ；$i=1,2,\cdots,n$.

表 12　小麦干旱灾害等级指标（QX/T 81-2007）					
灾害等级	减产率参考值	生育期降水量距平率 Pa（%）			适用区域
		全生育期	拔节－抽穗期	灌浆成熟期	
轻旱	减产率 <10%	P_a>–15	P_a>–30	P_a>–35	北方麦区
中旱	10% ≤减产率 <20%	–35<P_a ≤ –15	–65<P_a ≤ –30	–55<P_a ≤ –35	
重旱	20% ≤减产率 <30%	–55<P_a ≤ –35	P_a ≤ –65	P_a ≤ –55	
严重干旱	减产率≥ 30%	P_a ≤ –55	—	—	

7.玉米生产的气候危险性评估指标

以玉米 30 年年均产量为参考基准确定气候危险性评估指标和划分等级。玉米的主要致灾因子包括：冷害和干旱。

（1）春玉米冷害评估指标

玉米冷害主要发生在东北地区春玉米生长阶段。东北地区春玉米延迟型冷害界定采用中华人民共和国气象行业标准《水稻、玉米冷害等级》（中国气象局,2009）。选取当年 5 至 9 月逐月平均气温之和与同期多年平均值的距平（$\triangle T$）为东北春玉米延迟型冷害致灾因子，并依据其量值大小确定分级指标（表 13）。$\triangle T$ 的计算公式如下：

$$\triangle T = \sum T_{5-9} - T = \sum T_{5-9} - \frac{1}{n} \sum_{i=1}^{n} T_{5-9}$$

式中，$\sum T_{5-9}$ 为当年 5~9 月逐月平均气温之和；T 为 5~9 月逐月平均气温之和的多年平均值（近 30 年）；$n=30$。

表 13 　东北地区春玉米延迟型冷害等级划分指标（QX/T 101-2009）

灾害等级	减产率参考值	致灾因子	致灾指标					
		5 至 9 月逐月平均气温之和的多年平均值（T,℃）	$T \leqslant 80.0$	$80.0 < T \leqslant 85.0$	$85.0 < T \leqslant 90.0$	$90.0 < T \leqslant 95.0$	$95.0 < T \leqslant 100.0$	$100.0 < T \leqslant 105.0$
轻度冷害	5%<减产率≤ 15%	5 至 9 月逐月平均气温之和与多年平均值的距平（$\triangle T$,℃）	$-1.4 < \triangle T \leqslant -1.1$	$-1.7 < \triangle T \leqslant -1.4$	$-2.0 < \triangle T \leqslant -1.7$	$-2.2 < \triangle T \leqslant -2.0$	$-2.3 < \triangle T \leqslant -2.2$	$\triangle T \leqslant -2.3$
重度冷害	减产率>15%		$-2.4 < \triangle T \leqslant -1.7$	$-1.7 < \triangle T \leqslant -3.1$	$-3.7 < \triangle T \leqslant -3.1$	$-4.1 < \triangle T \leqslant -3.7$	$-4.4 < \triangle T \leqslant -4.1$	$\triangle T \leqslant -4.4$

（2）春玉米干旱评估指标

春玉米干旱是春玉米根系从土壤中吸收到的水分难以补偿蒸腾的消耗，使植株体内水分收支平衡失调，影响春玉米正常生长及导致部分死亡，并最终导致减产和品质下降的现象。春玉米干旱指标采用中华人民共和国气象行业标准《北方春玉米干旱等级》（中国气象局,2015），该标准适用于北方春玉米种植区。将春玉米生育期按播种 – 出苗期、出苗 – 拔节期、拔节 – 抽雄期、抽雄 – 乳熟期和乳熟 – 成熟期划分，分别给出等级标准，将春玉米干旱分为轻旱、中旱、重旱和特旱四个等级（表 14）。根据春玉米相应生育期的降水量、潜在蒸散量等综合计算春玉米水分亏缺指数（K_{CWDI}），进而划分干旱灾害等级（表 14）。春玉米不同生育期的水分亏缺指数（K_{CWDI}）计算公式如下：

$$K_{CWDI} = \frac{1}{n} \sum_{i=1}^{n} I_{CWDI,i}$$

式中，$I_{CWDI,i}$ 为某生育期内第 i 天的累计水分亏缺指数；n 为某生育期内包含的总天数。

累计水分亏缺指数（$I_{CWDI,i}$）计算如下：

$$I_{CWDI,i} = a \times CWDI_i + b \times CWDI_{i-1} + c \times CWDI_{i-2} + d \times CWDI_{i-3} + e \times CWDI_{i-4}$$

式中，$CWDI_i$ 为第 i 时间单位（过去 1~10 天）的累计水分亏缺指数（%）;$CWDI_{i-1}$ 为第 i-1 时间单位（过去 11~20 天）的累计水分亏缺指数（%）;$CWDI_{i-2}$ 为第 i-2 时间单位（过去 21~30 天）的累计水分亏缺指数（%）;$CWDI_{i-3}$ 为第 i-3 时间单位（过去 31~40 天）的累计水分亏缺指数（%）;$CWDI_{i-4}$ 为第 i-4 时间单位（过去 41~50 天）的累计水分亏缺指数（%）;a、b、c、d、e 是权重系数，a=0.3、b=0.25、c=0.2、d=0.15、e=0.1。

第 i 时间单位水分亏缺指数（$CWDI_i$）计算如下：

$$CWDI_i = \begin{cases} \dfrac{(ET_{c,i} - P_i)}{ET_{c,i}} \times 100\% & ET_{c,i} > P_i \\ 0 & ET_{c,i} \leqslant P_i \end{cases}$$

$$ET_{c,i} = K_c \times ET_{0,i}$$

式中，$ET_{c,i}$ 为第 i 时间单位的累计需水量（mm）;P_i 为第 i 时间单位的累计降水量（mm）;K_c 为春玉米某生育期的作物系数，参考数值见表 15;ET_0 为第 i 时间单位参考蒸散量（mm·d^{-1}），采用联合国粮农组织（FAO）推荐的 Penman–Monteith 公式计算（Allan et al.,1998），计算公式如下：

$$ET_0 = \frac{0.408\triangle(R_n - G) + 900\gamma \times u_2 \times (e_s - e_a)/(T + 273)}{\triangle + \gamma(1 + 0.34 u_2)}$$

式中，R_n 为净辐射 MJ/(m^2·d);G, 土壤热通量 MJ/(m^2·d)，此处忽略考虑;T 为日平均气温（℃），由日最高气温（T_{max}）和日最低气温（T_{min}）的平均值计算得到;u_2 为 2m 风速（m/s）;e_s 为饱和水汽压（kPa）;e_a 为实际水汽压（kPa）; $\triangle$ 为饱和水汽压曲线斜率（kPa/℃）;γ 为干湿表常数（kPa/℃）。

饱和水汽压（e_s）计算：e_s=（e_{0max}+e_{0min}）/2;

实际水汽压（e_a）计算：e_a=rhs/100 × e_s;

日最高温度对应的饱和水汽压（e_{0max}）：e_{0max}=0.6108 × exp（17.27 × T_{max}/（T_{max}+237.3））;

日最低温度对应的饱和水汽压（e_{0min}）：e_{0min}=0.6108 × exp（17.27 × T_{min}/（T_{min}+237.3））;

饱和水汽压曲线斜率（$\triangle$）：$\triangle = 4098 \times (0.6108 \times \exp(17.27/(T+237.3)))/((T+237.3)^2)$；

干湿表常数（γ）：$\gamma = 0.665 \times 10^{-6} \times ps$；

短波净辐射（R_{ns}）：$R_{ns} = (1-0.23) \times R_s$；

地球外辐射（R_a）：$R_a = R_s/(0.25+0.5 \times rz/rz_{max})$；

晴空太阳辐射（R_w）：$R_w = (0.75+2 \times 10^{-5} \times DEM) \times R_a$；

地表向外散发的长波辐射（R_{nl},MJ/（m^2·d））：

$R_{nl} = 4.903 \times 10^{-9} \times [(T_{min}+273.15)^4 + (T_{max}+273.15^4)/2] \times (0.34-0.14 \times \sqrt{e_a}) \times (1.35 \times \dfrac{R_s}{R_w} - 0.35)$；

净辐射（R_n,MJ/（m^2·d））：$R_n = R_{ns} - R_{nl}$；

式中，ps 为大气压 /1000，单位为 kPa；R_s 为太阳辐射 MJ/（m^2·d）；rz 为日照时数（h）；rz_{max} 为最大可日照时数；DEM 为格点海拔（m）；rhs 为相对湿度（%）。

表 14　北方春玉米干旱等级划分指标（QX/T 259-2015）

灾害等级	减产率参考值	各生育期水分亏缺指数（K_{CWDI},%）				
		播种 – 出苗期	出苗 – 拔节期	拔节 – 抽雄期	抽雄 – 乳熟期	乳熟 – 成熟期
轻旱	5% ≤ 减产率 <10%	$45<K_{CWDI}$ ≤ 60	$50<K_{CWDI}$ ≤ 65	$35<K_{CWDI}$ ≤ 50	$35<K_{CWDI}$ ≤ 45	$50<K_{CWDI}$ ≤ 60
中旱	10% ≤ 减产率 <20%	$60<K_{CWDI}$ ≤ 70	$65<K_{CWDI}$ ≤ 75	$50<K_{CWDI}$ ≤ 60	$45<K_{CWDI}$ ≤ 55	$60<K_{CWDI}$ ≤ 70
重旱	20% ≤ 减产率 <30%	$70<K_{CWDI}$ ≤ 80	$75<K_{CWDI}$ ≤ 85	$60<K_{CWDI}$ ≤ 70	$55<K_{CWDI}$ ≤ 65	$70<K_{CWDI}$ ≤ 80
特旱	减产率 ≥ 30%	$K_{CWDI}>80$	$K_{CWDI}>85$	$K_{CWDI}>70$	$K_{CWDI}>65$	$K_{CWDI}>80$

表 15　春玉米各生育期的作物系数（K_c）值

春玉米作物系数（Kc）	各生育期作物系数（Kc）				
	播种 – 七叶期	七叶 – 抽雄期	抽雄 – 乳熟期	乳熟 – 成熟期	成熟 – 收获期
FAO 给出参考值	0.3–0.5	0.7–0.85	1.05–1.20	0.8–0.95	0.55–0.6

续表

春玉米作物系数（Kc）	各生育期作物系数（Kc）				
中国北方各地区春玉米 Kc 平均值	播种－出苗期	出苗－拔节期	拔节－抽雄期	抽雄－乳熟期	乳熟－成熟期
	0.41	0.65	0.81	1.15	0.93

（3）夏玉米干旱评估指标

夏玉米干旱是夏玉米根系从土壤中吸收到的水分难以补偿蒸腾的消耗，使植株体内水分收支平衡失调，影响夏玉米正常生长发育及导致部分死亡，并最终导致减产和品质下降的现象。夏玉米干旱指标采用中华人民共和国气象行业标准《北方夏玉米干旱等级》（中国气象局,2015），该标准适用于秦岭－淮河一线及其以北夏玉米种植区。将夏玉米生育期按播种－出苗期、出苗－拔节期、拔节－抽雄期、抽雄－乳熟期，以及乳熟－成熟期划分，分别给出等级标准，将夏玉米干旱分为轻旱、中旱、重旱和特旱四个等级（表16）。根据夏玉米相应生育期的降水量、潜在蒸散量等综合计算夏玉米水分亏缺指数（K_{CWDI}），进而划分干旱灾害等级（表16）。夏玉米不同生育期的水分亏缺指数（K_{CWDI}）计算公式如下：

$$K_{CWDI} = \frac{1}{n} \sum_{i=1}^{n} I_{CWDI,i}$$

式中，$I_{CWDI,i}$ 为某生育期内第 i 旬的累计水分亏缺指数 ;n 为某生育期内包含的总旬数。

累计水分亏缺指数（$I_{CWDI,i}$）计算如下：

$$I_{CWDI,i} = a \times CWDI_i + b \times CWDI_{i-1} + c \times CWDI_{i-2} + d \times CWDI_{i-3} + e \times CWDI_{i-4}$$

式中，$CWDI_i$ 为第 i 旬累计水分亏缺指数（%）;$CWDI_{i-1}$ 为第 $i-1$ 旬累计水分亏缺指数（%）;$CWDI_{i-2}$ 为第 $i-2$ 旬累计水分亏缺指数（%）;$CWDI_{i-3}$ 为第 $i-3$ 旬累计水分亏缺指数（%）;$CWDI_{i-4}$ 为第 $i-4$ 旬累计水分亏缺指数（%）;a、b、c、d、e 是权重系数 ,$a=0.3$、$b=0.25$、$c=0.2$、$d=0.15$、$e=0.1$.

第 i 旬水分亏缺指数（$CWDI_i$）计算如下：

$$CWDI_i = \begin{cases} \dfrac{(ET_{c,i} - P_i)}{ET_{c,i}} \times 100\% & ET_{c,i} \geq P_i \\ 0 & ET_{c,i} < P_i \text{ 且} P_i \leq 2\overline{ET} \\ K_i \times 100\% & P_i > 2\overline{ET} \end{cases}$$

$$K_i = \begin{cases} (\overline{ET}-P_i)/ET \times 100\% & \overline{ET} < P_i \leq 2\overline{ET} \\ -P_i/2\overline{ET} & 2\overline{ET} < P_i \leq 3\overline{ET} \\ -1.5 & P_i > 3\overline{ET} \end{cases}$$

$$ET_{c,i} = K_{c,i} \times ET0_i$$

式中，$ET_{c,i}$ 为第 i 旬累计需水量（mm）；P_i 第 i 旬累计降水量（mm）；$\overline{ET}$ 为当地夏玉米旬降水基数（mm），采用文献中地区旬降水基数均值，约 40mm（中国主要农作物需水量等值线图协作组，1993）；K_j 为降水总量大于需水量时的水分盈余系数；$K_{c,i}$ 夏玉米某生育期的作物系数，参考数值见表 17；$ET_{0,i}$ 为第 i 旬参考蒸散量（mm·$^{d-1}$），采用联合国粮农组织（FAO）推荐的 Penman–Monteith 公式计算（Allan et al.,1998），计算方法见春玉米干旱指标计算方法。

表 16　北方夏玉米干旱等级划分指标（QX/T 260-2015）

灾害等级	减产率参考值	各生育期水分亏缺指数（K_{CWDI},%）				
		播种－出苗期	出苗－拔节期	拔节－抽雄期	抽雄－乳熟期	乳熟－成熟期
轻旱	5% ≤减产率 <10%	$35 \leq K_{CWDI}$ <45	$40 \leq K_{CWDI}$ <55	$20 \leq K_{CWDI}$ <35	$10 \leq K_{CWDI}$ <25	$35 \leq K_{CWDI}$ <50
中旱	0% ≤减产率 <20%	$45 \leq K_{CWDI}$ <50	$55 \leq K_{CWDI}$ <65	$35 \leq K_{CWDI}$ <55	$25 \leq K_{CWDI}$ <45	$50 \leq K_{CWDI}$ <65
重旱	20% ≤减产率 <30%	$50 \leq K_{CWDI}$ <55	$65 \leq K_{CWDI}$ <75	$55 \leq K_{CWDI}$ <65	$45 \leq K_{CWDI}$ <55	$65 \leq K_{CWDI}$ <75
特旱	减产率≥30%	$K_{CWDI} \geq 55$	$K_{CWDI} \geq 75$	$K_{CWDI} \geq 65$	$K_{CWDI} \geq 55$	$K_{CWDI} \geq 75$

夏玉米作物系数（K_c）	各生育期夏玉米作物系数（Kc）				
中国北方各地区夏玉米 K_c 平均值	播种－出苗期	出苗－拔节期	拔节－抽雄期	抽雄－乳熟期	乳熟－成熟期
	0.62	0.81	1.2	1.36	1.3

表 17　夏玉米各生育期的作物系数（K_c）参考值

七　主要粮食作物气象灾害等级与发生概率

在进行农业气象灾害等级划分时，重度优先于中度，中度优先于轻度。

农业气象灾害发生概率以某格点第 m 年第 n 个气候模式下某种农业气象灾害发生 F^n_m 为依据，定义该格点某时期（M 年）发生相应的农业气象灾害的总年数为：

$$F^n_{Period} = \sum_{m=1}^{M} F^n_m$$

该格点某时期 N 个气候模式下发生相应的农业气象灾害的总年数为：

$$F^{modle}_{period} = \sum_{n=1}^{N} F^n_{Period}$$

该格点某时期相应的农业气象灾害的发生概率为：

$$P = F^{model}_{period} / (M \times N)$$

式中，M 为研究时期，如 P0 为参考阶段（1986~2005 年），P1 为前期（2016~2035 年），P2 为中期（2046~2065 年）；P3 为后期（2081~2100 年），$M=20$。N 为研究所使用的气候模式个数；P 为某格点某时期相应的农业气象灾害的发生概率。

参考文献

1. IPCC.2013. *Climate Change 2013:The physical science basis.*Cambridge: Cambridge University Press,1535.

2. Joshi, M., E. Hawkins, R.Sutton, et al. 2011. Projections of when temperature change will exceed 2℃ above pre-industrial levels. *Nature Climate Change,* 1(8): 407-412.

3. Hansen, J., M.Sato, R.Ruedy. 2012. Perception of climate change. Proceeding of the National Academy of Sciences of the United States of America USA,109:2415.

4. Fischer, E.M., and R.Knutti. 2014. Detection of spatially aggregated changes in temperature and precipitation extremes. *Geophysical Research Letters* 41: 547-554.

5. Fischer, E.M., and R. Knutti. 2015. Anthropogenic contribution to global occurrence of heavy-precipitation and high-temperature extremes. *Nature Climate Change* 5.

6. Sillmann, J., V.V. Kharin, X. Zhang, et al.2013. Climate extremes indices in the CMIP5 multimodel ensemble:Part 1.Model evaluation in the present climate. *Journal of Geophysical Research Atmospheres*, 118:1716-1733.

7. Taylor, K.E. 2001. Summarizing multiple aspects of model performance in a single diagram. *Journal of Geophysical Research: Atmospheres* 106: 7183-7192.

8. Zhou, B.,Y.Xu, J.Wu, et al.2016. Changes in temperature and precipitation extreme indices over China:analysis of a hig-resolution grid dataset.*International Journal of Climatology* 36: 1051-1066.

9. Zhou, M., and H.Wang. 2014. Late winter sea ice in the Bering Sea: Predictor for maize and rice production in northeast China. *Journal of Applied Meteorology & Climatology*: 53, 1183-1192.

10. Schleussner, C.F., and Coauthors. 2016. Differential climate impacts for policy-relevant limits to global warming:the case of 1.5℃ and 2℃ . *Earth System Dynamics* 7: 2; 6: 2447-2505.

11. 周雅清、任国玉，2010,《中国大陆 1956~2008 年极端气温事件变化特征分析》，载《全国优秀青年气象科技工作者学术研讨会》，第 405~417 页。

12. Bao，J., S.C. Sherwood, L. V. Alexander, J. P. Evans. 2017. Future increases in extreme precipitation exceed observed scaling rates. *Nature Climate Change* 2:128.

13. Schleussner, C. F., T. K. Lissner, E. M. Fischer, et al. 2016. Differential climate impacts for policy-relevant limits to global warming:the case of 1.5 °C and 2°C. *Earth System Dynamics* 7:2; 2: 2447-2505.

14. Wang, G.,D.Wang，K.E. Trenberth et al. 2017. The peak structure and future changes of the relationships between extreme precipitation and temperature. *Nature Climate Change* 4: 268.

15. Allan, R.G., L.S. Pereira et al.1998. Crop evapotranspiration: guidelines for computing crop water requirements. *FAO Irrigation and Drainage Paper 56*. Rome, Italy: Food and Agriculture Organization of the United Nations. 65-73.

16. 高素华、王培娟，2009,《长沙中下游高温热害及对水稻的影响》，气象出版社。

17. 中国农业百科全书农业气象卷编辑委员会，1986,《中国农业百科全书农业气象卷》，农业出版社。

18. 中国气象局，2015,《中华人民共和国气象行业标准:〈北方春玉米干旱等级〉》(QX/T 259-2015)，气象出版社。

19. 中国气象局，2015,《中华人民共和国气象行业标准:〈北方夏玉米干旱等级〉》(QX/T 260-2015)，气象出版社。

20. 中国气象局，2009，《中华人民共和国气象行业标准：〈冬小麦、油菜涝渍等级〉》（QX/T 107-2009），气象出版社。

21. 中国气象局，2008《中华人民共和国气象行业标准：〈寒露风等级〉》（QX/T 94-2008），气象出版社。

22. 中国气象局，2009，《中华人民共和国气象行业标准：〈水稻、玉米冷害等级〉》（QX/T 101-2009），气象出版社。

23. 中国气象局，2007，《中华人民共和国气象行业标准：〈小麦干旱灾害等级〉》（QX/T 81-2007），气象出版社。

24. 中国气象局，2008，《中华人民共和国气象行业标准：〈早稻播种育秧期低温阴雨等级〉》（QX/T 98-2008），气象出版社。

25. 中国主要农作物需水量等值线图协作组，1993，《中国主要农作物需水量等值线图研究》，中国农业科技出版社。

26. 中华人民共和国国家质量监督检验检疫总局、中国国家标准化管理委员会，2008，《中华人民共和国国家标准：〈主要农作物高温危害温度指标〉》（GB/T 21985–2008），中国标准出版社。

社会科学文献出版社

皮 书

智库报告的主要形式
同一主题智库报告的聚合

❖ 皮书定义 ❖

皮书是对中国与世界发展状况和热点问题进行年度监测，以专业的角度、专家的视野和实证研究方法，针对某一领域或区域现状与发展态势展开分析和预测，具备前沿性、原创性、实证性、连续性、时效性等特点的公开出版物，由一系列权威研究报告组成。

❖ 皮书作者 ❖

皮书系列报告作者以国内外一流研究机构、知名高校等重点智库的研究人员为主，多为相关领域一流专家学者，他们的观点代表了当下学界对中国与世界的现实和未来最高水平的解读与分析。截至 2020 年，皮书研创机构有近千家，报告作者累计超过 7 万人。

❖ 皮书荣誉 ❖

皮书系列已成为社会科学文献出版社的著名图书品牌和中国社会科学院的知名学术品牌。2016 年皮书系列正式列入"十三五"国家重点出版规划项目；2013~2020 年，重点皮书列入中国社会科学院承担的国家哲学社会科学创新工程项目。

权威报告·一手数据·特色资源

皮书数据库
ANNUAL REPORT(YEARBOOK)
DATABASE

分析解读当下中国发展变迁的高端智库平台

所获荣誉

- 2019年，入围国家新闻出版署数字出版精品遴选推荐计划项目
- 2016年，入选"'十三五'国家重点电子出版物出版规划骨干工程"
- 2015年，荣获"搜索中国正能量 点赞2015""创新中国科技创新奖"
- 2013年，荣获"中国出版政府奖·网络出版物奖"提名奖
- 连续多年荣获中国数字出版博览会"数字出版·优秀品牌"奖

成为会员

通过网址www.pishu.com.cn访问皮书数据库网站或下载皮书数据库APP，进行手机号码验证或邮箱验证即可成为皮书数据库会员。

会员福利

- 已注册用户购书后可免费获赠100元皮书数据库充值卡。刮开充值卡涂层获取充值密码，登录并进入"会员中心"—"在线充值"—"充值卡充值"，充值成功即可购买和查看数据库内容。
- 会员福利最终解释权归社会科学文献出版社所有。

数据库服务热线：400-008-6695
数据库服务QQ：2475522410
数据库服务邮箱：database@ssap.cn
图书销售热线：010-59367070/7028
图书服务QQ：1265056568
图书服务邮箱：duzhe@ssap.cn

社会科学文献出版社 皮书系列
SOCIAL SCIENCES ACADEMIC PRESS (CHINA)

卡号：261716736571
密码：

S 基本子库
UB DATABASE

中国社会发展数据库（下设 12 个子库）

整合国内外中国社会发展研究成果，汇聚独家统计数据、深度分析报告，涉及社会、人口、政治、教育、法律等 12 个领域，为了解中国社会发展动态、跟踪社会核心热点、分析社会发展趋势提供一站式资源搜索和数据服务。

中国经济发展数据库（下设 12 个子库）

围绕国内外中国经济发展主题研究报告、学术资讯、基础数据等资料构建，内容涵盖宏观经济、农业经济、工业经济、产业经济等 12 个重点经济领域，为实时掌控经济运行态势、把握经济发展规律、洞察经济形势、进行经济决策提供参考和依据。

中国行业发展数据库（下设 17 个子库）

以中国国民经济行业分类为依据，覆盖金融业、旅游、医疗卫生、交通运输、能源矿产等 100 多个行业，跟踪分析国民经济相关行业市场运行状况和政策导向，汇集行业发展前沿资讯，为投资、从业及各种经济决策提供理论基础和实践指导。

中国区域发展数据库（下设 6 个子库）

对中国特定区域内的经济、社会、文化等领域现状与发展情况进行深度分析和预测，研究层级至县及县以下行政区，涉及地区、区域经济体、城市、农村等不同维度，为地方经济社会宏观态势研究、发展经验研究、案例分析提供数据服务。

中国文化传媒数据库（下设 18 个子库）

汇聚文化传媒领域专家观点、热点资讯，梳理国内外中国文化发展相关学术研究成果、一手统计数据，涵盖文化产业、新闻传播、电影娱乐、文学艺术、群众文化等 18 个重点研究领域。为文化传媒研究提供相关数据、研究报告和综合分析服务。

世界经济与国际关系数据库（下设 6 个子库）

立足"皮书系列"世界经济、国际关系相关学术资源，整合世界经济、国际政治、世界文化与科技、全球性问题、国际组织与国际法、区域研究 6 大领域研究成果，为世界经济与国际关系研究提供全方位数据分析，为决策和形势研判提供参考。

法律声明